Wissenschaftliche Taschenbücher

WTB

Mathematik · Physik

Dieter J. Schadach

Biomathematik II

Akademie-Verlag · Berlin
Pergamon Press · Oxford
Vieweg + Sohn · Braunschweig

WTB Wissenschaftliche Taschenbücher

ROLF BORSDORF / MANFRED SCHOLZ
Spektroskopische Methoden in der organischen Chemie

WERNER HABERDITZL
Magnetochemie

GERHARD HEBER
Mathematische Hilfsmittel der Physik, Teil I und II

A. A. SOKOLOW
Elementarteilchen

HEINZ AHRENS
Varianzanalyse

HANS-JÜRGEN TREDER
Relativität und Kosmos
Raum und Zeit in Physik, Astronomie und Kosmologie

ALBERT EINSTEIN
Grundzüge der Relativitätstheorie

ALBERT EINSTEIN
Über die spezielle und die allgemeine Relativitätstheorie

GÜNTHER LUDWIG
Wellenmechanik. Einführung und Originaltexte

HARRY PAUL
Lasertheorie, Teil I und II

FRANZ RUDOLF KESSLER
Einführung in die physikalischen Grundlagen der Kernenergiegewinnung

EBERHARD HOFMANN

Eiweiße und Nucleinsäuren als biologische Makromoleküle
Dynamische Biochemie, Teil I

EBERHARD TEUSCHER

Pharmakognosie, Teil I und II

D. TER HAAR

Quantentheorie. Einführung und Originaltexte

J. H. SANDERS

Die Lichtgeschwindigkeit. Einführung und Originaltexte

JEAN KUNTZMANN

Unendliche Reihen
Mathematische Hilfsmittel der Physik und Chemie
Mit 94 Übungen und 29 Aufgaben

JEAN KUNTZMANN

Systeme von Differentialgleichungen
Mathematische Hilfsmittel der Physik und Chemie
Mit 88 Übungen und 40 Aufgaben

JEAN KUNTZMANN

Komplexe Veränderliche
Mathematische Hilfsmittel der Physik und Chemie
Mit 90 Übungen und 37 Aufgaben

FERDINAND CAP

Einführung in die Plasmaphysik
I. Theoretische Grundlagen
— insgesamt 3 Bände —

J. A. ROSANOW

Wahrscheinlichkeitstheorie

HARRY PFEIFER

Theorie linearer Bauelemente
Elektronik für den Physiker I

HARRY PFEIFER
Die Elektronenröhre
Elektronik für den Physiker II

HARRY PFEIFER
Schaltungen mit Elektronenröhren
Elektronik für den Physiker III

HARRY PFEIFER
Leitungen und Antennen
Elektronik für den Physiker IV

HARRY PFEIFER
Mikrowellenelektronik
Elektronik für den Physiker V

HARRY PFEIFER
Halbleiterelektronik
Elektronik für den Physiker VI

SIEGFRIED HAUPTMANN
Über den Ablauf organisch-chemischer Reaktionen

GERHARD HÜBNER / KLAUS JUNG / ECKART WINKLER
Die Rolle des Wassers in biologischen Systemen

STEPHEN G. BRUSH
Kinetische Theorie, Teil I und II

EBERHARD HOFMANN
Enzyme und energieliefernde Stoffwechselreaktionen
Dynamische Biochemie, Teil II

HERBERT GOERING
Elementare Methoden
zur Lösung von Differentialgleichungsproblemen

PETER KRUMBIEGEL
Isotopieeffekte

D. M. BRINK
Kernkräfte. Einführung und Originaltexte

DIETER ONKEN
Steroide
Zur Chemie und Anwendung

HEINZ GEILER
Ökologie der Land- und Süßwassertiere

DIETER J. SCHADACH
Biomathematik I
Kombinatorik, Wahrscheinlichkeit und Information

DIETER J. SCHADACH
Biomathematik II
Graphen, Halbgruppen und Automaten

Vorschau auf die nächsten Bände:

ARTHUR P. CRACKNELL
Angewandte Gruppentheorie
Einführung und Originaltexte

EBERHARD HOFMANN
Intermediärstoffwechsel
Dynamische Biochemie, Teil III

DIETER KLAUA
Elementare Axiome der Mengenlehre
(Einführung in die allgemeine Mengenlehre)

GÜNTHER TEMBROCK

Biokommunikation

Informationsübertragung im biologischen Bereich

Teil I und Teil II

GÜNTHER TEMBROCK

Grundlagen der Tierpsychologie

J. F. VINSON

Optische Kohärenz in der klassischen Theorie und in der Quantentheorie

W. R. HINDMARSH

Atomspektren

WTB

BAND 87

Dieter J. Schadach

Biomathematik II

Graphen, Halbgruppen und Automaten

AKADEMIE-VERLAG · BERLIN

PERGAMON PRESS · OXFORD

VIEWEG + SOHN · BRAUNSCHWEIG

Reihe MATHEMATIK UND PHYSIK

Verfasser:
Dieter J. Schadach, M. Sc.
Institut für Biologie und Anthropologie
Technische Universität Berlin

ISBN 3 528 06087 5

1971

Lizenznummer: 202 · 100/428/71
Herstellung: VEB Druckhaus „Maxim Gorki", 74 Altenburg
Bestellnummer: Akademie-Verlag 761 412 2 (7087) · ES 19 B 5
Pergamon Press 08 017 591 0
Vieweg + Sohn 6087
Printed in German Democratic Republic

Vorwort

Die vorliegenden beiden Bändchen „Biomathematik“ sind aus einer Tätigkeit des Autors am Institut für Biologie und Anthropologie der Technischen Universität Berlin erwachsen. Aufgabe dieser Tätigkeit war es, die Gebiete der Mathematik, die außerhalb der Statistik liegen, aber in letzter Zeit für die Biologie relevant geworden sind, zusammenfassend darzustellen und interessierten Studenten nahezubringen. Die Statistik, das wichtigste mathematische Werkzeug für den Biologen, wird deshalb in diesen beiden Bändchen nicht behandelt; es gibt eine ganze Reihe vorzüglicher Darstellungen statistischer Methoden für Biologen. Der Titel „Biomathematik“ ist also mit dieser Einschränkung zu verstehen (man sehe die beigefügte Übersicht).

Der Inhalt der beiden Bändchen ist auf die mathematischen Strukturen beschränkt. Biologische Fakten werden nicht dargestellt, ihre Kenntnis wird aber zum Teil in den Übungen vorausgesetzt (z. B. Vererbungsgesetze). Zum Manuskript kann im einzelnen noch folgendes gesagt werden:

(1) Der Abschnitt über Mengen ist ein vorbereitender Teil und kann vom Leser mit einigen Kenntnissen in der Mengentheorie überschlagen werden.

(2) Kombinatorik und Wahrscheinlichkeitstheorie dienen hier als Grundlage der Informationstheorie; sie sind ebenso Grundlage der Statistik.

(3) Im Kapitel über Informationstheorie liegt der Schwerpunkt der Darstellung nicht auf der eigentlichen Theorie von Shannon, sondern auf der für Biologen weitaus wichtigeren Informationstheorie für multivariable

Systeme (im Amerikanischen meist „uncertainty analysis“ genannt). Hierzu scheinen im deutschsprachigen Schrifttum, so weit es dem Autor bekannt ist, noch keine Darstellungen vorzuliegen.

(4) Graphen können in verschiedener Weise definiert werden, z. B. durch mehrdeutige Abbildungen. Der vorliegende Text geht von einem mengentheoretischen Ansatz mit dem üblichen Begriff der eindeutigen Abbildung aus (man sehe z. B. die interessante Arbeit „A Graph Theory Model for Systematic Biology, with an Example for the Oncidiinae (Orchidaceae)“ von WIRTH, ESTABROOK und ROGERS in „Systematic Zoology“ **15** (1966)).

(5) Der Assoziativitätstest von F. W. LIGHT scheint noch ziemlich unbekannt zu sein.

(6) Bei den Automaten wurde auf Konstruktionsverfahren besonderes Gewicht gelegt. Fortgelassen werden mußten die für Biologen interessante Theorie zellularer Automaten (man sehe z. B. die Arbeiten von J. VON NEUMANN und E. F. CODD) und die Theorie selbstreproduzierender Automaten, die einen ganz neuen mengentheoretischen Ansatz notwendig zu machen scheint (z. B. in den Arbeiten von L. LÖFGREN).

Für verständnisvolle Unterstützung sage ich meinen Dank Herrn Professor Dr. phil. habil. J.-G. HELMCKE, Lehrstuhl und Institut für Biologie und Anthropologie der Technischen Universität Berlin.

D. J. SCHADACH

Inhaltsverzeichnis

Übersicht: Biomathematik

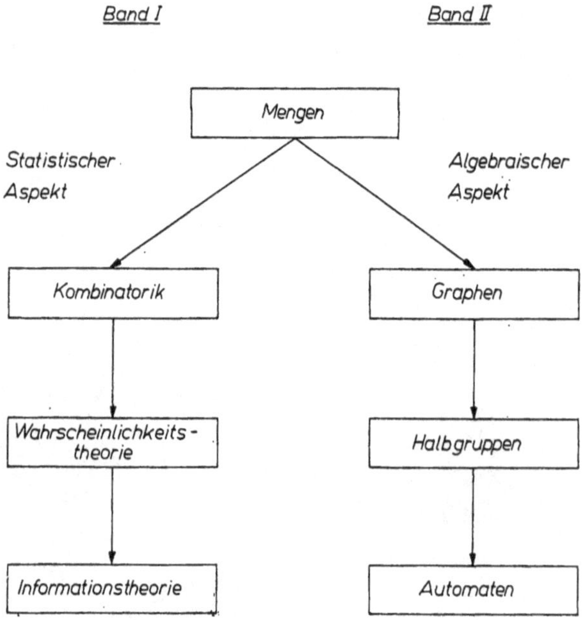

1. Graphen

1.1. *Gerichtete Graphen*

Definition 1.1—1: Ein *gerichteter* (oder orientierter) *Graph* G ist eine Menge X zusammen mit einer Abbildung γ der Menge X in die Potenzmenge (die Menge aller Teilmengen) $P(X)$ von X; also

$$G = (X, \gamma) \quad \text{mit} \quad \gamma: X \to P(X).$$

Die Elemente von X heißen *Punkte*, die Paare (x, y) mit $x \in X$ und $y \in \gamma(x)$ heißen *Kanten* des Graphen. Der Graph G heißt *endlich*, wenn X endlich ist.

Die Menge aller Kanten eines Graphen $G = (X, \gamma)$ ist also die Menge

$$K = \{(x, y) \mid x \in X, \ y \in \gamma(x)\}.$$

Da $K \subseteq X \times X$, kann ein Graph auch wie folgt definiert werden.

Definition 1.1—1a: Ein gerichteter Graph G ist eine Menge X zusammen mit einer binären Relation K in X; also

$$G = (X, K) \quad \text{mit} \quad K \subseteq X \times X.$$

Die Elemente von X heißen Punkte, die Elemente von K Kanten des Graphen.

Beispiel:

$X = \{a, b, c, d, e\}$,
$\gamma(a) = \{b, e\}$,
$\gamma(b) = \gamma(c) = \emptyset$,
$\gamma(d) = \{d\}$,
$\gamma(e) = \{a\}$,
$K = \{(a, b), (a, e), (d, d), (e, a)\}$.

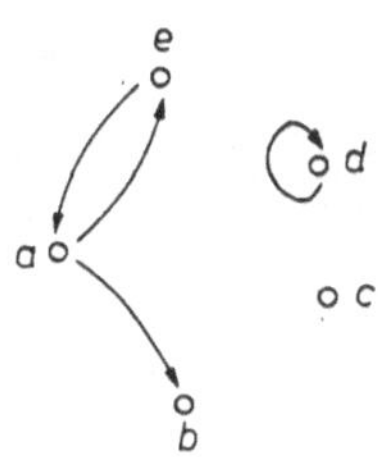

Definition 1.1—2: Eine Kantenfolge eines gerichteten Graphen $G = (X, K)$ ist eine Folge miteinander verbundener Kanten aus K in der Form

$$\big((a, x_1), (x_1, x_2), (x_2, x_3), \ldots, (x_n, b)\big).$$

Die Kantenfolge heißt *offen*, wenn $a \neq b$, und *geschlossen*, wenn $a = b$. Die Länge einer Kantenfolge ist die Zahl der Kanten in der Folge. Eine geschlossene Kantenfolge der Länge 1 heißt *Schleife*.

Eine abgekürzte Schreibweise ist es, für eine Kantenfolge nur die Folge der durchlaufenen Punkte anzugeben, also

$$(a, x_1, x_2, x_3, \ldots, x_n, b).$$

Beispiel:

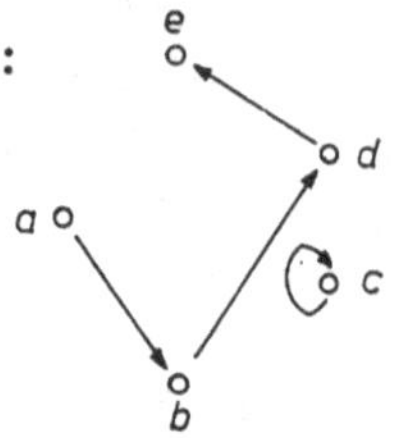

Offene Kantenfolge $\big((a, b), (b, d), (d, e)\big)$

Schleife (c, c)

Definition 1.1—3: Ein gerichteter Graph $G = (X, K)$ heißt *vollverbunden*, wenn es für alle Punkte $x, y \in X$ eine Kantenfolge von x nach y gibt, also eine Folge der Form

$$\big((x, x_1), (x_1, x_2), \ldots, (x_n, y)\big).$$

Beispiel:

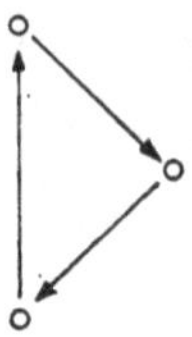

Vollverbunden

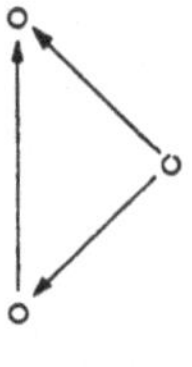

Nicht vollverbunden

Definition 1.1–4: Die *transitive Hülle* γ^T eines gerichteten Graphen $G = (X, \gamma)$ ist eine Abbildung $\gamma^T\colon X \to P(X)$ mit der Eigenschaft, daß $\gamma^T(x)$ die Menge aller Punkte $x' \in X$ ist, die von x durch eine Kantenfolge erreicht werden können. $\gamma^T(x)$ soll stets auch den Punkt x enthalten.

Schreibt man

$$\gamma^0(x) = \{x\}$$

und

$$\gamma^i(x) = \bigcup_{x' \in \gamma^{i-1}(x)} \gamma(x') \quad \text{für} \quad i = 1, 2, \ldots$$

$\Big($es sei also $\gamma^1(x) = \bigcup_{x' \in \gamma^0(x)} \gamma(x') = \gamma(x)\Big)$,

so ist die transitive Hülle

$$\gamma^T(x) = \bigcup_{i=0}^{\infty} \gamma^i(x)$$

$$= \{x\} \cup \gamma^1(x) \cup \gamma^2(x) \cup \cdots.$$

Folgerungen:

(a) Für einen endlichen Graphen $G = (X, \gamma)$ mit $X = \{x_1, x_2, \ldots, x_n)$ ist

$$\gamma^T(x) = \bigcup_{i=0}^{n} \gamma^i(x).$$

(b) Ein Graph $G = (X, \gamma)$ ist genau dann vollverbunden, wenn

$$\gamma^T(x) = X$$

für alle $x \in X$.

Definition 1.1–5: Ein gerichteter Graph $G = (X, K)$ heißt

(a) *symmetrisch*, wenn

aus $(x, y) \in K$ folgt, daß $(y, x) \in K$;

(b) *asymmetrisch*, wenn

aus $(x, y) \in K$ folgt, daß $(y, x) \notin K$;

(c) *vollständig*, wenn für $x \neq y$

$$\text{aus} \quad (x, y) \notin K \quad \text{folgt, daß} \quad (y, x) \in K .$$

Beispiel:

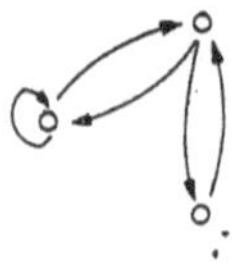

Symmetrisch: Wenn zwei verschiedene Punkte verbunden sind, dann stets durch zwei entgegengesetzte Kanten.

Asymmetrisch: Wenn zwei Punkte verbunden sind, dann stets nur durch eine Kante. Ein solcher Graph enthält keine Schleifen.

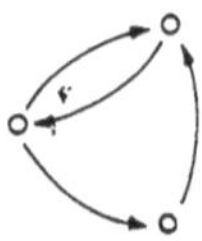

Vollständig: Je zwei verschiedene Punkte sind durch mindestens eine Kante verbunden.

Teile eines Graphen kann man dadurch erhalten, daß man entweder eine verringerte Zahl von Punkten oder eine verringerte Zahl von Kanten oder eine verringerte Zahl von Punkten und Kanten betrachtet. Darauf beruht die folgende Definition.

Definition 1.1–6: Gegegeben sei ein gerichteter Graph $G = (X, \gamma)$.

(a) Ein Teilgraph von (X, γ) ist ein Graph (A, γ_A) mit

$$A \subseteq X \quad \text{und} \quad \gamma_A(x) = \gamma(x) \cap A$$

für alle $x \in A$.

(b) Ein partieller Graph von (X, γ) ist ein Graph (X, γ^*) mit

$$\gamma^*(x) \subseteq \gamma(x)$$

für alle $x \in X$.

(c) Ein partieller Teilgraph von (X, γ) ist ein Graph (A, γ_A^*) mit

$$A \subseteq X \quad \text{und} \quad \gamma_A^*(x) \subseteq \gamma(x) \cap A$$

für alle $x \in A$.

Beispiel:

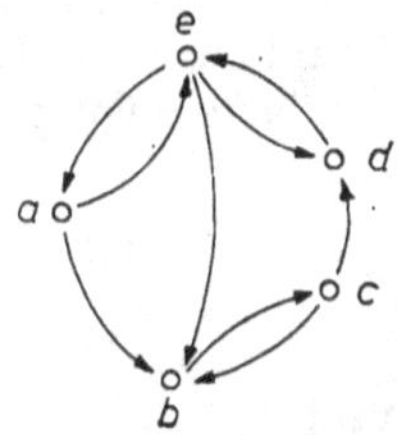

Graph (X, γ)

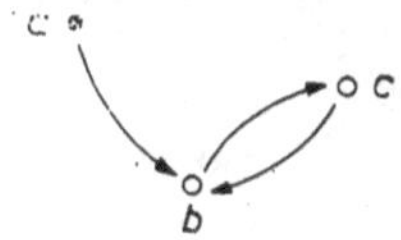

Teilgraph (A, γ_A)
mit $A = \{a, b, c\}$

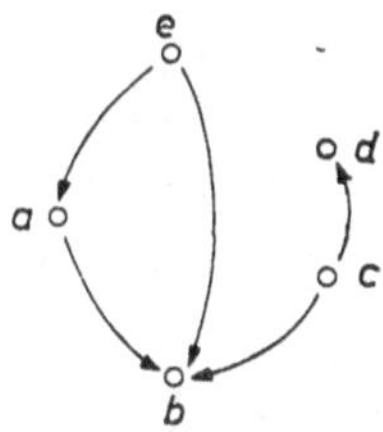

Partieller Graph (X, γ^*)

Partieller Teilgraph (A, γ_A^*)
mit $A = \{a, b, c\}$

Definition 1.1–7: Eine *Bewertung* eines Graphen $G = (X, K)$ ist eine Abbildung

$$\beta : K \to W$$

der Kantenmenge K in eine Wertmenge W.

Bewertete Graphen werden zur Darstellung von Automaten benutzt.

1.2. *Summe und Produkt gerichteter Graphen*

Definition 1.2–1: Gegeben seien zwei gerichtete Graphen $G_1 = (X_1, \gamma_1)$ und $G_2 = (X_2, \gamma_2)$. Die *Summe* der beiden Graphen ist der Graph

$$G = (X, \gamma) = G_1 + G_2$$

mit

$$X = X_1 \times X_2$$

und

$$\gamma\colon X_1 \times X_2 \to P(X_1 \times X_2),$$

wobei

$$\gamma(x_1, x_2) = [\gamma_1(x_1) \times \{x_2\}] \cup [\{x_1\} \times \gamma_2(x_2)]$$

für $x_1 \in X_1$ und $x_2 \in X_2$.

Folgerung: Die Graphenaddition ist assoziativ, denn für drei Graphen $G_1 = (X_1, \gamma_1)$, $G_2 = (X_2, \gamma_2)$ und $G_3 = (X_3, \gamma_3)$ ist

$$(X_1 \times X_2) \times X_3 = X_1 \times (X_2 \times X_3)$$

und

$$\begin{aligned}
\gamma\big((x_1,x_2), x_3\big) &= [\gamma_{12}(x_1, x_2) \times \{x_3\}] \cup [\{(x_1, x_2)\} \times \gamma_3(x_3)] \\
&= \Big[\big((\gamma_1(x_1) \times \{x_2\}) \cup (\{x_1\} \times \gamma_2(x_2))\big) \times \{x_3\}\Big] \\
&\quad \cup [\{x_1\} \times \{x_2\} \times \gamma_3(x_3)] \\
&= [\gamma_1(x_1) \times \{x_2\} \times \{x_3\}] \cup [\{x_1\} \times \gamma_2(x_2) \\
&\quad \times \{x_3\}] \cup [\{x_1\} \times \{x_2\} \times \gamma_3(x_3)] \\
&= [\gamma_1(x_1) \times \{x_2\} \times \{x_3\}] \\
&\quad \cup \Big[\{x_1\} \times \big((\gamma_2(x_2) \times \{x_3\}) \cup (\{x_2\} \times \gamma_3(x_2))\big)\Big] \\
&= [\gamma_1(x_1) \times \{(x_2, x_3)\}] \cup [\{x_1\} \times \gamma_{23}(x_2, x_3)] \\
&= \gamma\big(x_1, (x_2, x_3)\big).
\end{aligned}$$

Also gilt allgemein für n Graphen

$$G_1 = (X_1, \gamma_1), \quad G_2 = (X_2, \gamma_2), \ldots, \quad G_n = (X_n, \gamma_n),$$

daß

$$G = G_1 + G_2 + \cdots + G_n = (X, \gamma)$$

mit

$$X = X_1 \times X_2 \times \cdots \times X_n$$

und

$$\begin{aligned}\gamma(x_1, x_2, \ldots, x_n) = {} & [\gamma_1(x_1) \times \{x_2\} \times \cdots \times \{x_n\}] \\ & \cup [\{x_1\} \times \gamma_2(x_2) \times \cdots \times \{x_n\}] \\ & \cup \cdots \cup [\{x_1\} \times \{x_2\} \times \cdots \times \gamma_n(x_n)].\end{aligned}$$

Beispiel:

$G_1 = (X_1, \gamma_1)$:

$G_2 = (X_2, \gamma_2)$:

$G = G_1 + G_2 = (X, \gamma)$ mit

$$X = X_1 \times X_2 = \{(a, c), (a, d), (b, c), (b, d)\}$$

und

$$\begin{aligned}\gamma(a, c) &= [\{b\} \times \{c\}] \cup [\{a\} \times \{d\}] \\ &= \{(b, c), (a, d)\}, \\ \gamma(a, d) &= [\{b\} \times \{d\}] \cup [\{a\} \times \{d\}] \\ &= \{(b, d), (a, d)\}, \\ \gamma(b, c) &= [\{a, b\} \times \{c\}] \cup [\{b\} \times \{d\}] \\ &= \{(a, c), (b, c), (b, d)\}, \\ \gamma(b, d) &= [\{a, b\} \times \{d\}] \cup [\{b\} \times \{d\}] \\ &= \{(a, d), (b, d)\}.\end{aligned}$$

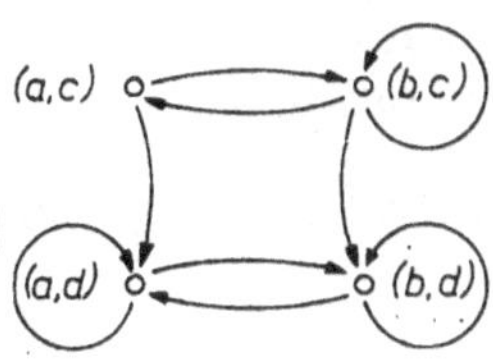

Definition 1.2–2: Gegeben seien zwei gerichtete Graphen $G_1 = (X_1, \gamma_1)$ und $G_2 = (X_2, \gamma_2)$. Das *Produkt* der beiden Graphen ist der Graph

$$G = (X, \gamma) = G_1 \times G_2$$

mit

$$X = X_1 \times X_2$$

und

$$\gamma: X_1 \times X_2 \to P(X_1 \times X_2),$$

wobei

$$\gamma(x_1, x_2) = \gamma_1(x_1) \times \gamma_2(x_2)$$

für $x_1 \in X_1$ und $x_2 \in X_2$.

Folgerung: Die Graphenmultiplikation ist assoziativ, denn für drei Graphen $G_1 = (X_1, \gamma_1)$, $G_2 = (X_2, \gamma_2)$ und $G_3 = (X_3, \gamma_3)$ ist

$$(X_1 \times X_2) \times X_3 = X_1 \times (X_2 \times X_3)$$

und

$$\begin{aligned}\gamma\big((x_1, x_2), x_3\big) &= \gamma_{12}(x_1, x_2) \times \gamma_3(x_3)\\ &= [\gamma_1(x_1) \times \gamma_2(x_2)] \times \gamma_3(x_3)\\ &= \gamma_1(x_1) \times [\gamma_2(x_2) \times \gamma_3(x_3)]\\ &= \gamma_1(x_1) \times \gamma_{23}(x_2, x_3)\\ &= \gamma\big(x_1, (x_2, x_3)\big).\end{aligned}$$

Also gilt allgemein für n Graphen

$$G_1 = (X_1, \gamma_1), \quad G_2 = (X_2, \gamma_2), \ldots, \quad G_n = (X_n, \gamma_n),$$

daß

$$G = G_1 \times G_2 \times \cdots \times G_n = (X, \gamma)$$

mit

$$X = X_1 \times X_2 \times \cdots \times X_n$$

und

$$\gamma(x_1, x_2, \ldots, x_n) = \gamma_1(x_1) \times \gamma_2(x_2) \times \cdots \times \gamma_n(x_n).$$

Beispiel:

$G_1 = (X_1, \gamma_1)$:

$G_2 = (X_2, \gamma_2)$:

$G = G_1 \times G_2 = (X, \gamma)$ mit

$$X = X_1 \times X_2 = \{(a, c), (a, d), (b, c), (b, d)\}$$

und

$\gamma(a, c) = \{b\} \times \{d\} = \{(b, d)\}$,

$\gamma(a, d) = \{b\} \times \{d\} = \{(b, d)\}$,

$\gamma(b, c) = \{a, b\} \times \{d\} = \{(a, d), (b, d)\}$,

$\gamma(b, d) = \{a, b\} \times \{d\} = \{(a, d), (b, d)\}$.

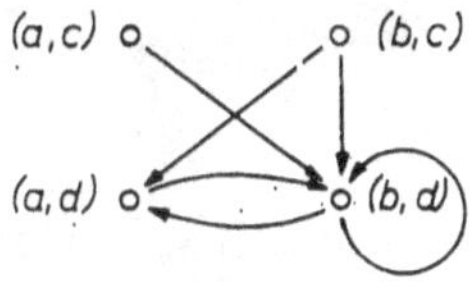

1.3. *Matrizendarstellung gerichteter Graphen*

Definition 1.3–1: Gegeben sei ein gerichteter Graph $G = (X, K)$ mit $X = \{x_1, x_2, \ldots, x_n\}$. Es sei

$$a_{ik} = 1, \quad \text{wenn} \quad (x_i, x_k) \in K,$$
$$a_{ik} = 0, \quad \text{wenn} \quad (x_i, x_k) \notin K.$$

Dann heißt die quadratische Matrix

$$A = (a_{ik})_{n,n}$$

die dem gerichteten Graphen G *zugeordnete Matrix*.

Beispiel:

$G = (X, K)$

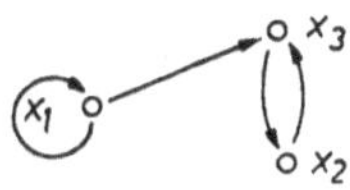

$$A = (a_{ik})_{3,3} = \begin{pmatrix} 1 & 0 & 1 \\ 0 & 0 & 1 \\ 0 & 1 & 0 \end{pmatrix}$$

Einer transponierten Matrix entspricht ein Graph, dessen Kanten entgegengesetzt zu den Kanten des ursprünglichen Graphen sind.

Beispiel:

$$A = \begin{pmatrix} 1 & 0 & 1 \\ 0 & 0 & 0 \\ 0 & 1 & 0 \end{pmatrix}$$

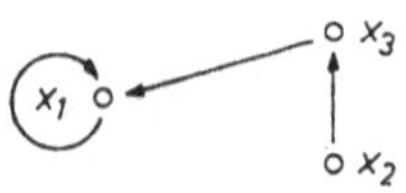

$$A^T = \begin{pmatrix} 1 & 0 & 0 \\ 0 & 0 & 1 \\ 1 & 0 & 0 \end{pmatrix}$$

Bildet man zu der dem Graphen $G = (X, \gamma)$ zugeordneten Matrix $A = (a_{ik})_{n,n}$ die komplementäre Matrix $\bar{A} = (\bar{a}_{ik})_{n,n}$ mit

$$\bar{a}_{ik} = 0, \quad \text{wenn} \quad a_{ik} = 1,$$

$$\bar{a}_{ik} = 1, \quad \text{wenn} \quad a_{ik} = 0,$$

so entspricht $\bar{A}$ der Graph $\bar{G} = (X, \bar{\gamma})$ mit

$$\bar{\gamma}(x) = X - \gamma(x)$$

für $x \in X$.

Beispiel:

$$A = \begin{pmatrix} 1 & 0 & 1 \\ 0 & 0 & 1 \\ 0 & 1 & 0 \end{pmatrix}$$

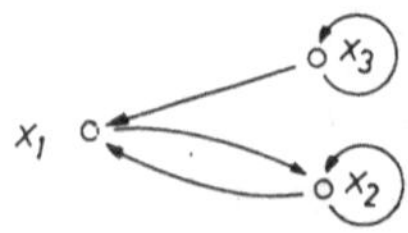

$$\bar{A} = \begin{pmatrix} 0 & 1 & 0 \\ 1 & 1 & 0 \\ 1 & 0 & 1 \end{pmatrix}$$

Theorem 1.3—1: *Es sei* $A = (a_{ik})_{n,n}$ *die dem gerichteten Graphen* $G = (X, K)$ *zugeordnete Matrix. Dann ist das Element* c_{ik} *der Produktmatrix*

$$A^p = \underbrace{A \cdot A \cdot \cdots \cdot A}_{p\text{-mal}} = (c_{ik})_{n,n}$$

gleich der Anzahl der Kantenfolgen mit der Länge p *von* x_i *nach* x_k $(x_i, x_k \in X)$.

Beweis: Durch vollständige Induktion. Das Theorem gilt nach Definition 1.3—1 für $p = 1$. Es sei angenommen, daß das Theorem für $p = q - 1$ gelte. Man betrachte das Produkt $A^q = A \cdot A^{q-1}$ und die Kantenfolgen (x_i, x_j, x_k), wobei (x_i, x_j) und (x_j, x_k) Kantenfolgen des zu A gehörigen Graphen sind. Da die Zahl der Kantenfolgen (x_i, x_j) mit der Länge 1 gleich dem Element a_{ij} aus A und, nach Induktionsannahme, die Zahl der Kantenfolgen (x_j, x_k) mit der Länge $q - 1$ gleich dem Element a_{jk}^* aus A^{q-1} ist, folgt, daß die Zahl der Kantenfolgen (x_i, x_j, x_k) mit der Länge $1 + (q - 1) = q$ gleich $a_{ij}a_{jk}^*$ ist. Die Zahl der Kantenfolgen der Länge q von x_i nach x_k für alle $x_j \in X$ ist also gleich

$$\sum_{j=1}^{n} a_{ij}a_{jk}^*.$$

Diese Summe ist aber das Element c_{ik} der Produktmatrix A^q. Also gilt das Theorem für $p = q$.

Beispiel:

$$A = \begin{pmatrix} 1 & 0 & 1 \\ 0 & 0 & 1 \\ 1 & 1 & 0 \end{pmatrix}$$

$$A^2 = \begin{pmatrix} 2 & 1 & 1 \\ 1 & 1 & 0 \\ 1 & 0 & 2 \end{pmatrix}$$

Es gibt also zwei Kantenfolgen der Länge 2 von x_1 nach x_1, nämlich $\big((x_1, x_1), (x_1, x_1)\big)$ und $\big((x_1, x_3), (x_3, x_1)\big)$.

Folgerung: Ein Graph G mit der zugeordneten Matrix A ist transitiv, wenn in A überall dort ein Element $a_{ik} = 1$ steht, wo in A^2 ein Element $c_{ik} \geqq 1$ steht, denn Transitivität besagt, daß es überall dort eine Kante von x_i nach x_k gibt, wo es eine Kantenfolge der Länge 2 von x_i nach x_k gibt.

1.4. *Graphenoperationen mittels Boolescher Matrizen*

Definition 1.4—1: Eine Matrix, deren Elemente zu einem BOOLEschen Verband gehören, heißt BOOLE*sche Matrix.*

In der einem gerichteten Graphen zugeordneten Matrix treten nur die Zahlen 0 und 1 auf. Faßt man diese beiden Zahlen als die Elemente eines aus zwei Elementen bestehenden BOOLEschen Verbandes auf, so gelten folgende Operationen:

BOOLEsche Addition:

$\oplus$	0	1
0	0	1
1	1	1

BOOLEsche Multiplikation:

$\odot$	0	1
0	0	0
1	0	1

Definition 1.4—2:

(a) Die BOOLE*sche Summe* zweier BOOLEscher Matrizen $A = (a_{ik})_{m,n}$ und $B = (b_{ik})_{m,n}$ ist die BOOLEsche Matrix

$$A \oplus B = C = (c_{ik})_{m,n}$$

mit

$$c_{ik} = a_{ik} \oplus b_{ik}.$$

(b) Das Boolesche *Produkt* zweier Boolescher Matrizen $A = (a_{ij})_{m,p}$ und $B = (b_{jk})_{p,n}$ ist die Boolesche Matrix

$$A \odot B = C = (c_{ik})_{m,n}$$

mit

$$c_{ik} = (a_{i1} \odot b_{1k}) \oplus (a_{i2} \odot b_{2k}) \oplus \cdots \oplus (a_{ip} \odot b_{pk}).$$

Theorem 1.4–1: *Gegeben seien zwei gerichtete Graphen $G_1 = (X, \gamma_1)$ und $G_2 = (X, \gamma_2)$ mit derselben Punktmenge X. Die zugeordneten Matrizen seien A und B.*

(a) *Die* Boolesche *Summe* $A \oplus B$ *entspricht dem Graphen* $G = (X, K)$ *mit*

$$K = \{(x, y) \mid x \in X, \ y \in \gamma_1(x) \cup \gamma_2(x)\}.$$

(b) *Das* Boolesche *Produkt* $A \odot B$ *entspricht dem Graphen* $G = (X, K)$ *mit*

$$K = \{(x,y) \mid x \in X, \quad y \in \gamma_2(\gamma_1(x))\}.$$

Beweis:

(a) Die Kantenmenge von G_1 ist

$$K_1 = \{(x, y) \mid x \in X, \quad y \in \gamma_1(x)\}$$

und die von G_2 ist

$$K_2 = \{(x, y) \mid x \in X, \quad y \in \gamma_2(x)\}.$$

Aus der Definition der Booleschen Addition folgt, daß das Element c_{ik} der Booleschen Matrix $A \oplus B$ genau dann gleich 1 ist, wenn mindestens eines der beiden Elemente a_{ik} und b_{ik} gleich 1 ist. Das heißt, die Kantenmenge K des der Booleschen Summe $A \oplus B$ entsprechenden Graphen ist

$$K = \{(x, y) \mid x \in X, \quad y \in \gamma_1(x) \cup \gamma_2(x)\}.$$

(b) Aus der Definition der Booleschen Multiplikation folgt, daß das Element c_{ik} der Booleschen Matrix $A \odot B$ genau dann gleich 1 ist, wenn es mindestens eine Kantenfolge $\big((x_i, x_j),\ (x_j, x_k)\big)$ mit $(x_i, x_j) \in K_1$ und $(x_j, x_k) \in K_2$ gibt, also mit $x_j \in \gamma_1(x_i)$ und $x_k \in \gamma_2(x_j)$. Das heißt, die Kantenmenge K des dem Booleschen Produkt $A \odot B$ entsprechenden Graphen ist

$$K = \big\{(x, y) \mid x \in X, \quad y \in \gamma_2\big(\gamma_1(x)\big)\big\}.$$

Beispiel:

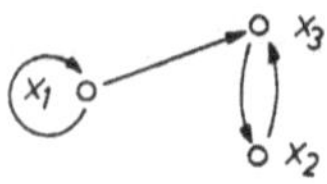

$$A = \begin{pmatrix} 1 & 0 & 1 \\ 0 & 0 & 1 \\ 0 & 1 & 0 \end{pmatrix}$$

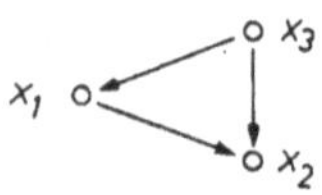

$$B = \begin{pmatrix} 0 & 1 & 0 \\ 0 & 0 & 0 \\ 1 & 1 & 0 \end{pmatrix}$$

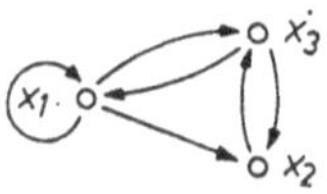

$$A \oplus B = \begin{pmatrix} 1 & 1 & 1 \\ 0 & 0 & 1 \\ 1 & 1 & 0 \end{pmatrix}$$

$$A \odot B = \begin{pmatrix} 1 & 1 & 0 \\ 1 & 1 & 0 \\ 0 & 0 & 0 \end{pmatrix}$$

Folgerungen:

(a) Die Boolesche Addition und Multiplikation Boolescher Matrizen ist assoziativ.

(b) Wenn A die dem Graphen $G = (X, \gamma)$ zugeordnete Boolesche Matrix ist, so ist die Boolesche Matrix

$$A^k = \underbrace{A \odot A \odot \cdots \odot A}_{k\text{-mal}}$$

dem Graphen $G_k = (X, \gamma^k)$ zugeordnet. Dieser Graph G_k enthält eine Kante (x, y) genau dann, wenn es im Graphen G eine Kantenfolge der Länge k von x nach y gibt.

Übungsaufgaben mit Lösungen

(1) Gegeben sei der Graph $G = (X, \gamma)$:

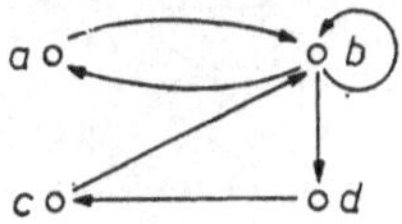

(a) Man bestimme $\gamma(a)$, $\gamma(b)$, $\gamma(c)$, $\gamma(d)$.
(b) Man berechne $\gamma^T(a)$, $\gamma^T(b)$, $\gamma^T(c)$, $\gamma^T(d)$.
(c) Ist G vollverbunden? (Begründung!)

Lösung:

(a) $\gamma(a) = \{b\}$,
$\gamma(b) = \{a, b, d\}$,
$\gamma(c) = \{b\}$,
$\gamma(d) = \{c\}$.

(b) $\gamma^T(a) = \{a\} \cup \{b\} \cup \{a, b, d\} \cup \{a, b, d, c\} = X$,
$\gamma^T(b) = \{b\} \cup \{a, b, d\} \cup \{a, b, d, c\} = X$,
$\gamma^T(c) = \{c\} \cup \{b\} \cup \{a, b, d\} = X$,
$\gamma^T(d) = \{d\} \cup \{c\} \cup \{b\} \cup \{a, b, d\} = X$.

(c) G ist vollverbunden, denn $\gamma^T(x) = X$ für alle $x \in X$.

(2) Man berechne und zeichne das Produkt der beiden Graphen $G_1 = (X_1, \gamma_1)$ und $G_2 = (X_2, \gamma_2)$, wobei

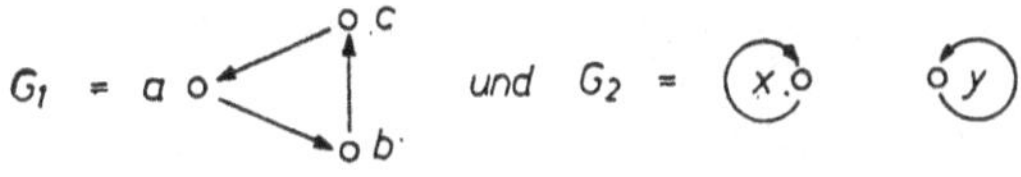

Lösung:

$G_1 \times G_2$:

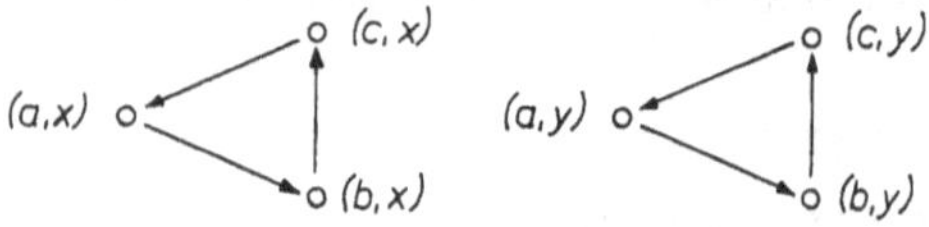

(3) Gegeben sei der Graph $G = (X, \gamma)$:

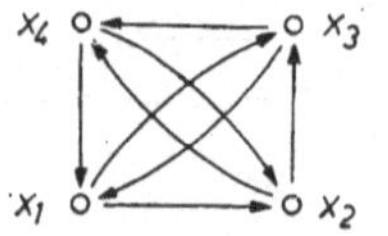

(a) Man bestimme die dem Graphen G zugeordnete Matrix A.

(b) Man berechne die transponierte Matrix A^T und die komplementäre Matrix $\bar{A}$ und zeichne deren Graphen.

(c) Man berechne $\bar{\gamma}(x_1)$ und zeige, daß $\bar{\gamma}(x_1) = X - \gamma(x_1)$.

Lösung:

(a)

$$A = \begin{pmatrix} 0 & 1 & 1 & 0 \\ 0 & 0 & 1 & 1 \\ 1 & 0 & 0 & 1 \\ 1 & 1 & 0 & 0 \end{pmatrix}$$

(b)

$$A^T = \begin{pmatrix} 0 & 0 & 1 & 1 \\ 1 & 0 & 0 & 1 \\ 1 & 1 & 0 & 0 \\ 0 & 1 & 1 & 0 \end{pmatrix}$$

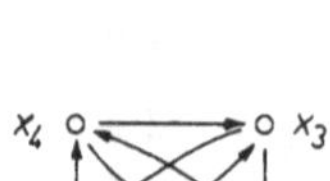

$$\bar{A} = \begin{pmatrix} 1 & 0 & 0 & 1 \\ 1 & 1 & 0 & 0 \\ 0 & 1 & 1 & 0 \\ 0 & 0 & 1 & 1 \end{pmatrix}$$

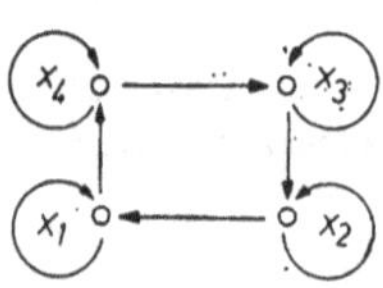

(c) $\bar{\gamma}(x_1) = \{x_1, x_4\} = X - \{x_2, x_3\} = X - \gamma(x_1)$.

(4) Gegeben sei der Graph $G = (X, K)$:

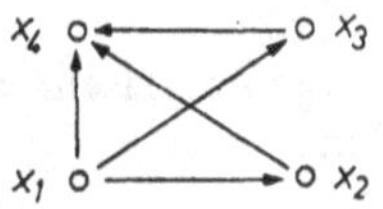

(a) Man bestimme die zugehörige Matrix A und berechne A^2.

(b) Ist G transitiv? (Begründung!)

Lösung:

(a)

$$A = \begin{pmatrix} 0 & 1 & 1 & 1 \\ 0 & 0 & 0 & 1 \\ 0 & 0 & 0 & 1 \\ 0 & 0 & 0 & 0 \end{pmatrix}$$

$$A^2 = \begin{pmatrix} 0 & 0 & 0 & 2 \\ 0 & 0 & 0 & 0 \\ 0 & 0 & 0 & 0 \\ 0 & 0 & 0 & 0 \end{pmatrix}$$

(b) G ist transitiv, denn in A ist überall dort $a_{ik} = 1$, wo $c_{ik} \geqq 1$ in A^2 ist.

(5) Einem Hund wurden jeweils zwei von sechs Speisen vorgesetzt und beobachtet, welcher Speise der Hund jeweils den Vorzug gab.

(a) Wievielen möglichen Alternativen konnte der Hund ausgesetzt werden?

Der Hund bevorzugte Schlagsahne vor Pudding, Pudding vor Eisbein, Eisbein vor Boulette, Boulette vor Rollmops und Rollmops vor Hundekuchen. Diese Bevorzugung war transitiv, denn der Hund war in seinem Handeln stets konsequent.

(b) Man zeichne einen Graphen, der als Punktmenge die sechs Speisen und als Kanten alle (siehe (a)) Entscheidungen des Hundes enthält. Man bestimme die zugehörige Matrix.

(c) Ist der Graph symmetrisch, asymmetrisch, vollständig, vollverbunden?

Lösung:

(a) $\binom{6}{2} = \frac{6 \cdot 5}{1 \cdot 2} = 15$ Alternativen.

(b) Es bezeichne

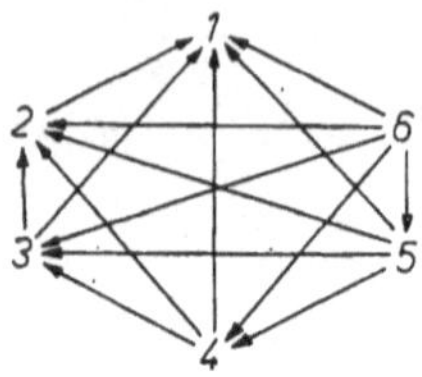

1 = Schlagsahne
2 = Pudding
3 = Eisbein
4 = Boulette
5 = Rollmops
6 = Hundekuchen

$$A = \begin{pmatrix} 0 & 0 & 0 & 0 & 0 & 0 \\ 1 & 0 & 0 & 0 & 0 & 0 \\ 1 & 1 & 0 & 0 & 0 & 0 \\ 1 & 1 & 1 & 0 & 0 & 0 \\ 1 & 1 & 1 & 1 & 0 & 0 \\ 1 & 1 & 1 & 1 & 1 & 0 \end{pmatrix}$$

(c) Der Graph ist asymmetrisch und vollständig.

(6) (a) Wieviele Kanten hat ein aus n Punkten bestehender vollständiger, asymmetrischer Graph?

(b) Wieviele verschiedene quadratische Matrizen mit n Zeilen gibt es, die als Elemente nur die Zahlen 0 und 1 enthalten und in deren beiden Diagonalen lauter Einsen stehen?

Lösung:

(a) Kantenzahl $= \binom{2}{n} = \frac{n(n-1)}{2}$.

(b) n gerade: $2^{n^2-2n} = 2^{(n-1)^2-1}$,

n ungerade: $2^{n^2-2n+1} = 2^{(n-1)^2}$.

(7) Zwei Systeme A und B enthalten zusammen zwei Einheiten einer Substanz X, eine Einheit einer Substanz Y und drei Einheiten einer Substanz Z derart, daß die Summe der Einheiten der Substanzen X und Y in demselben System stets kleiner oder gleich der Anzahl der Einheiten der Substanz Z ist, falls Z zusammen mit X oder Y oder X und Y in demselben System enthalten ist; ohne Z unterliegt die Zahl der Einheiten der Substanzen X und Y im gleichen System nicht dieser Beschränkung. Alle übrigen Kombinationen sind ausgeschlossen (in biologischen Systemen können diese z. B. Letalkombinationen sein). Mit einem Überträger $Ü$, der insgesamt stets höchstens zwei Einheiten der Substanzen X, Y und Z tragen kann, werden Übertragungsexperimente gemacht derart, daß auf dem Überträger niemals die Substanz X allein sein kann.

(a) Man gebe sämtliche erlaubten Kombinationen der Substanzen X, Y und Z in einem der beiden Systeme an.

(b) Man zeichne einen Graphen, dessen Punkte die erlaubten Kombinationen und dessen Kanten die möglichen Übertragungen (je Kante jeweils eine Übertragung) darstellen.

Hinweis: Der Graph ist symmetrisch. (Warum?) Man vereinfache sich die Zeichnung dadurch, daß man

für $x \circ \rightleftarrows \circ y$ nur $x \circ \leftrightarrow \circ y$ oder $x \circ\!-\!\circ y$

zeichne.

Lösung:

(a) Es bezeichne xyz eine Kombination mit x Einheiten der Substanz X, y Einheiten der Substanz Y und z Einheiten der Substanz Z.

$3 \cdot 2 \cdot 4 = 24$ mögliche Kombinationen.

16 erlaubte Kombinationen (nichtletale Kombinationen)

213 203 103 112 202 113 013 003

210 200 100 011 101 110 010 000

$24 - 16 = 8$ Letalkombinationen.

(b) Erlaubte Kombinationen auf dem Überträger $\dot{U}$:

010 001 110 101 011 002

25 Übertragungen (Kanten des Graphen).

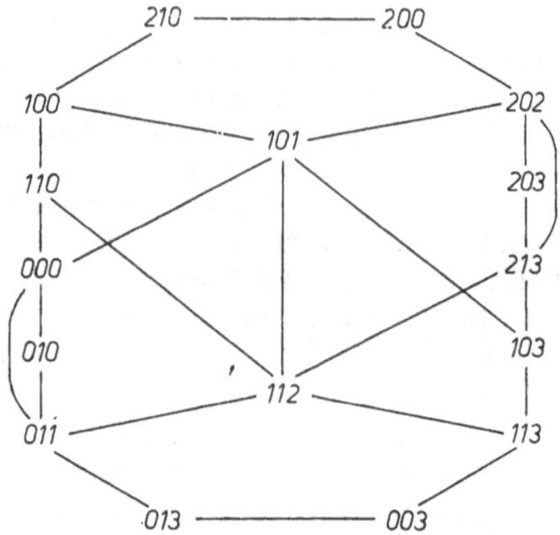

(8) Ein spezieller Graph ist der *kinematische Graph* von W. R. Ashby. Hat man eine Abbildung $\mu : X \rightarrow X$ einer Menge X in sich, so hat der kinematische Graph $G = (X, \mu)$ die Kantenmenge $K = \{(x, y) \mid y = \mu(x)\}$. Man zeichne den kinematischen Graphen für die folgende Abbildung:

μ	1	2	3	4	5	6	7	8
↓	2	1	3	3	8	8	6	7

Lösung:

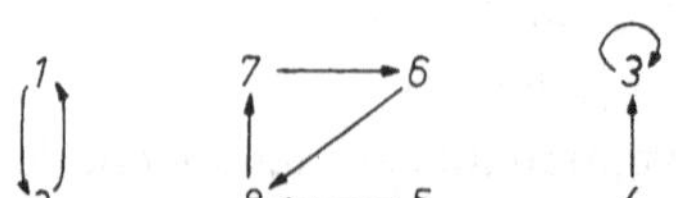

Der kinematische Graph besteht in dieser Aufgabe aus drei Teilen, die Ashby sehr anschaulich „confluents" nennt.

2. Halbgruppen

2.1. *Grundbegriffe*

Definition 2.1—1: Es sei H eine nichtleere Menge mit einer binären Verknüpfung, d. h. einer Abbildung $H \times H \to H$. H ist eine *Halbgruppe*, wenn die Verknüpfung folgende Eigenschaften hat:

(1) Abgeschlossenheit: Für alle Elemente $x, y \in H$ gilt

$$xy \in H;$$

(2) Assoziativität: Für alle Elemente $x, y, z \in H$ gilt

$$(xy)z = x(yz).$$

Beispiel: Die Menge

$$T_M = \{\mu \mid \mu : M \to M\}$$

aller Abbildungen einer nichtleeren Menge M in sich selbst bildet mit der üblichen Verknüpfung

$$\mu_1\mu_2(x) = \mu_1(\mu_2(x)) \qquad (x \in M)$$

eine Halbgruppe, die volle Transformationshalbgruppe auf der Menge M.

Definition 2.1—2: Es sei H eine Halbgruppe.

(a) Ein Element $e_l \in H$ heißt *linkes Einselement*, wenn

$$e_l x = x$$

für alle $x \in H$.

(b) Ein Element $e_r \in H$ heißt *rechtes Einselement*, wenn

$$xe_r = x$$

für alle $x \in H$.

(c) Ein Element $e \in H$ heißt *Einselement*, wenn

$$ex = xe = x$$

für alle $x \in H$.

d) Ein Element $n_l \in H$ heißt *linkes Nullelement*, wenn

$$n_l x = n_l$$

für alle $x \in H$.

(e) Ein Element $n_r \in H$ heißt *rechtes Nullelement*, wenn

$$x n_r = n_r$$

für alle $x \in H$.

(f) Ein Element $n \in H$ heißt *Nullelement*, wenn

$$nx = xn = n$$

für alle $x \in H$.

Folgerungen:

(a) Wenn eine Halbgruppe ein linkes Einselement e_l und ein rechtes Einselement e_r enthält, dann ist $e_l = e_r$ (wegen $e_l e_r = e_r$ und $e_l e_r = e_l$).

(b) Wenn eine Halbgruppe ein linkes Nullelement n_l und ein rechtes Nullelement n_r besitzt, so ist $n_l = n_r$ (wegen $n_l n_r = n_l$ und $n_l n_r = n_r$).

(c) Eine Halbgruppe besitzt höchstens ein Einselement und höchstens ein Nullelement (es seien e_1 und e_2 Einselemente und n_1 und n_2 Nullelemente; dann ist $e_1 e_2 = e_1$ und $e_1 e_2 = e_2$, ferner $n_1 n_2 = n_1$ und $n_1 n_2 = n_2$).

(d) Für jede Halbgruppe H trifft also genau einer der folgenden vier Fälle zu:

(1) H enthält weder linke noch rechte Einselemente (Nullelemente);

(2) H enthält mindestens ein linkes Einselement (Nullelement), aber kein rechtes Einselement (Nullelement);

(3) H enthält mindestens ein rechtes Einselement (Nullelement), aber kein linkes Einselement (Nullelement);

(4) H enthält genau ein Einselement (Nullelement), aber keine weiteren linken oder rechten Einselemente (Nullelemente).

Definition 2.1–3:

(a) Eine Halbgruppe H heißt *kommutativ*, wenn

$$xy = yx$$

für alle $x, y \in H$.

(b) Eine Halbgruppe H heißt *Halbgruppe mit linksseitiger Kürzung*, wenn

$$xy = xz \text{ impliziert, daß } y = z$$

für alle $x, y, z \in H$.

(c) Eine Halbgruppe H heißt *Halbgruppe mit rechtsseitiger Kürzung*, wenn

$$yx = zx \text{ impliziert, daß } y = z$$

für alle $x, y, z \in H$.

(d) Eine Halbgruppe H heißt *Halbgruppe mit beidseitiger Kürzung*, wenn H sowohl eine Halbgruppe mit linksseitiger Kürzung als auch eine Halbgruppe mit rechtsseitiger Kürzung ist.

Beispiel: Es sei $M = \{1, 2\}$ und T_M die volle Transformationshalbgruppe,

$$T_M = \{\mu \mid \mu : M \to M\}.$$

$\to$	μ_1	μ_2	μ_3	μ_4
1	1	1	2	2
2	1	2	1	2

$T_M = \{\mu_1, \mu_2, \mu_3, \mu_4\}$

Verknüpfungstafel (Cayley-Tafel):

l \ r	μ_1	μ_2	μ_3	μ_4
μ_1	μ_1	μ_1	μ_1	μ_1
μ_2	μ_1	μ_2	μ_3	μ_4
μ_3	μ_4	μ_3	μ_2	μ_1
μ_4	μ_4	μ_4	μ_4	μ_4

l: linker Faktor

r: rechter Faktor

T_M kann u. a. gedeutet werden als die Menge der singulären Funktionen des zweiwertigen logischen Aussagenkalküls ($1 \triangleq$ wahr, $2 \triangleq$ falsch):

$$\mu_1 \triangleq \text{Tautologie},$$
$$\mu_2 \triangleq \text{Position},$$
$$\mu_3 \triangleq \text{Negation},$$
$$\mu_4 \triangleq \text{Antilogie}.$$

2.2. *Unterhalbgruppen und erzeugende Mengen*

Definition 2.2—1: Es sei H eine Halbgruppe und A und B Teilmengen von H. Dann versteht man unter dem *Produkt* der beiden Teilmengen die Menge

$$A \cdot B = \{xy \mid x \in A,\ y \in B\}.$$

Folgerungen:

(a) Die Multiplikation von Teilmengen einer Halbgruppe ist assoziativ, denn für drei Teilmengen A, B, C besteht $(A \cdot B) \cdot C$ aus allen Elementen der Form $(xy)z$ mit $x \in A$, $y \in B$, $z \in C$, und $A \cdot (B \cdot C)$ besteht aus allen Elementen der Form $x(yz) = (xy)z$ (wegen der Assoziativität der Halbgruppenoperation), also aus denselben Elementen wie $(A \cdot B) \cdot C$.

(b) Die Potenzmenge $P(H)$ einer Halbgruppe H bildet mit der Multiplikation von Teilmengen eine Halbgruppe; die leere Menge ist das Nullelement dieser Halbgruppe.

Definition 2.2—2: Eine Teilmenge A einer Halbgruppe H ist eine *Unterhalbgruppe* von H, wenn für je zwei Elemente $x, y \in A$ auch $xy \in A$ gilt; das heißt, wenn $A \cdot A \subseteq A$ ist.

Folgerungen:

(a) Der Durchschnitt beliebig vieler Unterhalbgruppen einer Halbgruppe H ist ebenfalls eine Unterhalbgruppe von H; denn, wenn x und y zum Durchschnitt gehören, so auch xy, da xy zu jeder Unterhalbgruppe des Durchschnitts gehört.

(b) Eine nur aus einem Element x bestehende Teilmenge einer Halbgruppe H ist genau dann eine Unterhalbgruppe von H, wenn x idempotent ist, d. h., wenn $xx = x$ ist.

(c) Wenn eine Halbgruppe H idempotente Elemente hat, die miteinander kommutativ sind, dann bildet die Menge dieser idempotenten Elemente eine Unterhalbgruppe von H. Denn, wenn

$$x_1 = x_1x_1, \quad x_2 = x_2x_2 \text{ und } x_1x_2 = x_2x_1,$$

dann ist

$$x_1x_2 = x_1x_1x_2x_2 = x_1x_2x_1x_2;$$

also auch x_1x_2 ist ein idempotentes Element.

Es sei H eine Halbgruppe und A eine nichtleere Teilmenge von H. Die Menge aller Elemente der Form

$$x = a_1a_2 \cdots a_n$$

mit $a_1, a_2, \ldots, a_n \in A$ und $n = 1, 2, \ldots$ ist eine Unterhalbgruppe $[A]$ von H, die durch die Teilmenge A erzeugt wird. A heißt *erzeugende Menge* von $[A]$;

$$[A] = \{a_1a_2 \cdots a_n \mid a_i \in A;\ i = 1, 2, \ldots, n;\ n = 1,2, \ldots\}$$
$$= A \cup A \cdot A \cup A \cdot A \cdot A \cup \cdots.$$

Folgerung: Eine Teilmenge A einer Halbgruppe H erzeugt genau dann eine Unterhalbgruppe D von H (also $[A] = D$), wenn D der Durchschnitt aller Unterhalbgruppen von H ist, die A enthalten. Denn einerseits ist $[A]$ eine Unterhalbgruppe von H, die A enthält und somit auch den Durchschnitt D; andererseits enthält jede Unterhalbgruppe, die A enthält, auch $[A]$, also ist $[A]$ im Durchschnitt D enthalten.

Ein wichtiger Spezialfall ist es, wenn die gesamte Halbgruppe H durch eine Teilmenge $A \subseteq H$ erzeugt wird, wenn also $[A] = H$. Dieser Fall wird im folgenden Assoziativitätstest benutzt werden.

2.3. *Der Assoziativitätstest von F. W. Light*

Ist eine algebraische Verknüpfung in einer endlichen Menge H durch eine Verknüpfungstafel (Cayley-Tafel) gegeben, so ist es im allgemeinen langwierig, die Tafel auf Assoziativität hin zu untersuchen. Das folgende Verfahren von F. W. Light (1949) erleichtert diese Untersuchung beträchtlich.

(1) Nur die Menge der H erzeugenden Elemente braucht auf Assoziativität hin untersucht zu werden, denn wenn zwei Elemente aus H mit allen Elementen aus H assoziativ sind, so gilt dasselbe für deren Produkt:

Es seien a und b Elemente aus H mit

$$(xa)y = x(ay) \quad \text{und} \quad (xb)y = x(by)$$

für alle $x, y \in H$. Dann folgt

$$\big(x(ab)\big)y = \big((xa)b\big)y = (xa)(by) = x\big(a(by)\big) = x\big((ab)y\big).$$

(2) Die Verknüpfung in H sei gegeben durch die Cayley-Tafel

	a	b	
a	aa	ab	$\cdots$
b	ba	bb	
.	$\cdots$		
.			
.			

H werde erzeugt durch $G = \{g_1, g_2, \ldots, g_n\}$. Zu jedem $g_i \in G$ bilde man aus der CAYLEY-Tafel folgende Tafel:

g_i			
ag_i	$(ag_i)a$	$(ag_i)b$	$\cdots$
bg_i	$(bg_i)a$	$(bg_i)b$	
.	$\cdots$		

Diese Tafel entsteht also aus der CAYLEY-Tafel dadurch, daß die linke Indexspalte die g_i-Spalte der CAYLEY-Tafel enthält und daß diese Indexspalte die aus der CAYLEY-Tafel zu nehmenden Zeilen bestimmt. Jetzt schreibe man in die obere Indexzeile die g_i-Zeile der CAYLEY-Tafel:

g_i	$g_i a$	$g_i b$	$\cdots$
ag_i	$(ag_i)a$	$(ag_i)b$	$\cdots$
bg_i	$(bg_i)a$	$(bg_i)b$	
.	$\cdots$		
	$\cdots$		

Nun vergleiche man die Spalten dieser Tafel mit den durch die obere Indexzeile bestimmten Spalten der CAYLEY-Tafel. Stimmen diese Spalten jeweils überein, so gilt also

$$(xg_i)y = x(g_i y)$$

für alle $x, y \in H$. Liegt diese Übereinstimmung bei allen Tafeln für die erzeugenden Elemente $g_i \in G$ vor, so ist die Verknüpfung in H assoziativ. Die Verknüpfung ist nicht assoziativ, wenn die Tafeln an wenigstens einer Stelle nicht übereinstimmen.

2.4. *Homomorphismus und Isomorphismus*

H_1 und H_2 seien Halbgruppen. Eine Abbildung

$$\varphi : H_1 \to H_2$$

heißt ein *Homomorphismus*, wenn

$$\varphi(xy) = \varphi(x)\varphi(y)$$

für alle $x, y \in H_1$. Das Bild $\varphi(H_1) \subseteq H_2$ heißt *homomorphes Bild* von H_1; es ist ebenfalls eine Halbgruppe. Ist φ eine Bijektion, so heißt φ ein *Isomorphismus* und $\varphi(H_1)$ ein *isomorphes Bild* von H_1.

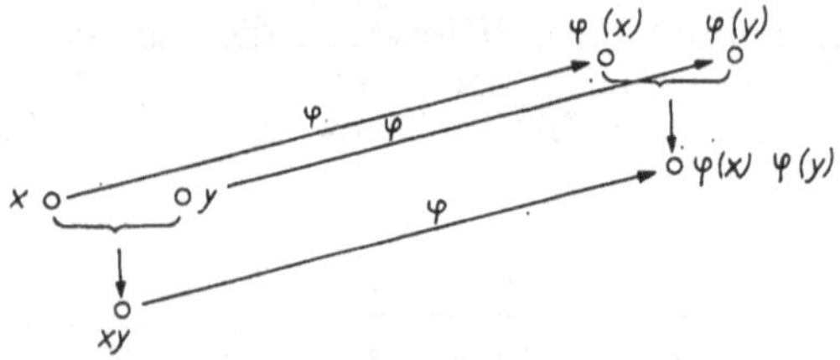

Große Bedeutung für die Halbgruppentheorie besitzt das folgende Theorem.

Theorem 2.4—1: *Jede Halbgruppe ist einer Transformationshalbgruppe isomorph.*

Beweis: Es sei $H = \{h_1, h_2, \ldots\}$ eine Halbgruppe und $H_0 = \{h_0, h_1, h_2, \ldots\}$ eine Menge, die alle Elemente von H und ein willkürliches Element h_0 enthält. Zu jedem $h_i \in H$ bilde man die Abbildung

$$\tau_{h_i} : H_0 \to H$$

mit

$$\tau_{h_i}(h_0) = h_i \text{ und } \tau_{h_i}(h_j) = h_i h_j$$

für $j = 1, 2, \ldots$:

$$\tau_{h_i} : \Big\downarrow \begin{matrix} h_0 & h_1 & h_2 \cdots & h_j \cdots \\ h_i & h_i h_1 & h_i h_2 \cdots & h_i h_j \cdots \end{matrix}$$

τ_{h_i} heißt *Linkstranslation*. Die Menge T_H aller Linkstranslationen,

$$T_H = \{\tau_{h_i} \mid h_i \in H\},$$

bildet eine Halbgruppe von Transformationen der Menge H_0, denn für $h_i, h_k, h_j \in H$ gilt

$$\tau_{h_i}\tau_{h_k}(h_0) = \tau_{h_i}(h_k) = h_i h_k = \tau_{h_i h_k}(h_0)$$

und

$$\tau_{h_i}\tau_{h_k}(h_j) = \tau_{h_i}(h_k h_j) = h_i h_k h_j = \tau_{h_i h_k}(h_j).$$

Also

$$\tau_{h_i}\tau_{h_k} = \tau_{h_i h_k}.$$

Die Bijektion

$$\varphi : H \to T_H \text{ mit } \varphi(h_i) = \tau_{h_i}$$

ist ein Isomorphismus zwischen H und T_H.

Die Halbgruppentheorie ist also darstellbar als algebraische Abbildungstheorie.

2.5. *Partielle Abbildungen*

Definition 2.5–1: Es sei M eine Menge, ferner $G \subseteq M$ und $H \subseteq M$. Eine surjektive Abbildung

$$\mu : G \to H$$

heißt eine *partielle Abbildung* der Menge M. Sind G und H leer, so heißt μ die *leere partielle Abbildung*.

Definition 2.5–2: Es sei P_M die Menge aller partiellen Abbildungen der Menge M. Zwei partielle Abbildungen

$$\mu_1 : G_1 \to H_1 \text{ und } \mu_2 : G_2 \to H_2$$

seien derart verknüpft, daß der Argumentbereich G von $\mu_2\,\mu_1$ die Menge aller Elemente aus G_1 ist, deren

Bilder unter μ_1 in $H_1 \cap G_2$ liegen (man beachte, daß μ_1 und μ_2 Surjektionen sind). Falls $H_1 \cap G_2 = \emptyset$, ist $\mu_2\,\mu_1$ die leere partielle Abbildung.

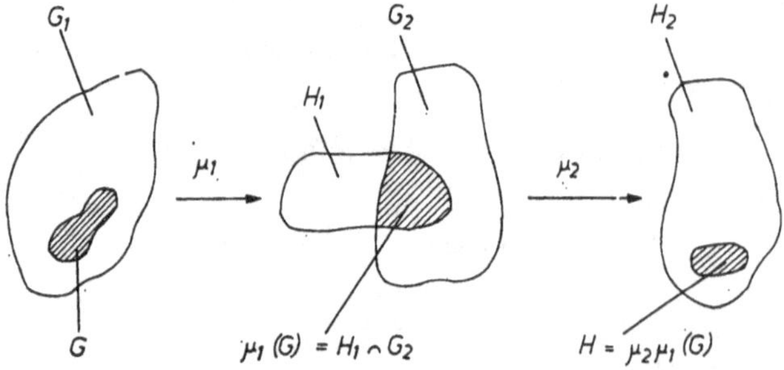

Theorem 2.5—1: *Die Menge P_M aller partiellen Abbildungen einer Menge M bildet mit der Verknüpfung der Definition 2.5—2 eine Halbgruppe.*

Beweis: Die Abgeschlossenheit der Verknüpfung ist offensichtlich. Die Assoziativität folgt daraus, daß für $\mu_1, \mu_2, \mu_3 \in P_M$ und $\mu_i : G_i \to H_i$ $(i = 1, 2, 3)$ der Argumentbereich sowohl von $\mu_3(\mu_2\mu_1)$ als auch von $(\mu_3\mu_2)\mu_1$ die Menge aller Elemente x aus G_1 ist, deren Bilder $\mu_1(x)$ in G_2 und $\mu_2(\mu_1(x))$ in G_3 liegen.

Folgerung: Die Halbgruppe

$$T_M = \{\mu \mid \mu : M \to M\}$$

aller Abbildungen einer M in sich selbst ist eine Unterhalbgruppe der Halbgruppe P_M aller partiellen Abbildungen der Menge M.

2.6. *Binäre Relationen in Mengen und Halbgruppen*

Definition 2.6—1: Es sei M eine Menge. Eine *binäre Relation* ϱ in M ist eine Teilmenge der Produktmenge $M \times M$, also

$$\varrho \subseteq M \times M.$$

Definition 2.6—2: Es seien ϱ_1 und ϱ_2 zwei binäre Relationen in der Menge M. Eine Verknüpfung $\varrho_1\varrho_2$ ist so definiert, daß für $a, b \in M$ dann $(a, b) \in \varrho_1\varrho_2$, wenn es ein $x \in M$ gibt derart, daß $(a, x) \in \varrho_1$ und $(x, b) \in \varrho_2$.

Theorem 2.6—1: *Die Menge aller binären Relationen in M (also die Potenzmenge der Produktmenge $M \times M$) bildet mit der Verknüpfung der Definition 2.6—2 eine Halbgruppe.*

Beweis: Die Abgeschlossenheit der Verknüpfung ist offensichtlich; die Assoziativität folgt daraus, daß für $(a, b) \in (\varrho_1\varrho_2)\varrho_3$ und $(a, b) \in \varrho_1(\varrho_2\varrho_3)$ gleichermaßen gilt, daß es ein $x \in M$ und ein $y \in M$ gibt, so daß $(a, x) \in \varrho_1$, $(x, y) \in \varrho_2$ und $(y, b) \in \varrho_3$.

Definition 2.6—3: Es sei ϱ eine binäre Relation in einer Menge M.

(a) ϱ heißt *reflexiv*, wenn $(x, x) \in \varrho$ für alle $x \in M$.

(b) ϱ heißt *symmetrisch*, wenn aus $(x, y) \in \varrho$ folgt, daß auch $(y, x) \in \varrho$ für alle $x, y \in M$.

(c) ϱ heißt *asymmetrisch*, wenn aus $(x, y) \in \varrho$ folgt, daß $(y, x) \notin \varrho$ für alle $x, y \in M$.

(d) ϱ heißt *antisymmetrisch*, wenn aus $(x, y) \in \varrho$ und $(y, x) \in \varrho$ folgt, daß $x = y$ für alle $x, y \in M$.

(e) ϱ heißt *transitiv*, wenn aus $(x, y) \in \varrho$ und $(y, z) \in \varrho$ folgt, daß auch $(x, z) \in \varrho$ für alle $x, y, z \in M$.

Theorem 2.6—2: *Es sei R_M die Menge aller binären Relationen in einer Menge M.*

(a) *Ist ϱ_0 eine reflexive Relation aus R_M, so gilt $\varrho \subseteq \varrho_0\varrho$ und $\varrho \subseteq \varrho\varrho_0$ für jedes $\varrho \in R_M$.*

(b) *Ist ϱ_0 eine reflexive und transitive Relation aus R_M, so gilt $\varrho_0 = \varrho_0\varrho_0$.*

Beweis: Es sei $a, b \in M$.

(a) Wenn $(a, b) \in \varrho$, dann $(a, a) \in \varrho_0$ und $(a, b) \in \varrho$ also $(a,b) \in \varrho_0\varrho$; das heißt $\varrho \subseteq \varrho_0\varrho$.

Wenn $(a, b) \in \varrho$, dann $(a, b) \in \varrho$ und $(b, b) \in \varrho_0$, also $(a, b) \in \varrho\varrho_0$; das heißt $\varrho \subseteq \varrho\varrho_0$.

(b) Aus (a) folgt, daß $\varrho_0 \subseteq \varrho_0\varrho_0$. Wenn $(a, b) \in \varrho_0\varrho_0$, dann gibt es ein $x \in M$ derart, daß $(a, x) \in \varrho_0$ und $(x, b) \in \varrho_0$, also $(a, b) \in \varrho_0$, da ϱ_0 transitiv ist. Das heißt $\varrho_0\varrho_0 \subseteq \varrho_0$ und somit $\varrho_0 = \varrho_0\varrho_0$.

Besondere Relationen in M sind:

(1) Die universelle Relation $\varrho^U = M \times M$.

(2) Die Identitätsrelation ϱ^I, gegeben durch

$$(a, b) \in \varrho^I \text{ genau dann, wenn } a = b.$$

(3) Die leere Relation $\varrho^\emptyset = \emptyset$.

(4) Die inverse (oder konverse) Relation ϱ^{-1} einer Relation ϱ, gegeben durch

$$(a, b) \in \varrho^{-1} \text{ genau dann, wenn } (b, a) \in \varrho.$$

(5) Die transitive Hülle ϱ^T einer Relation ϱ, gegeben durch

$$\varrho^T = \varrho \cup \varrho\varrho \cup \varrho\varrho\varrho \cup \cdots = \bigcup_{n=1}^{\infty} \underbrace{\varrho\varrho\cdots\varrho}_{n\text{-mal}}.$$

Die transitive Hülle einer Relation ϱ ist die kleinste transitive Relation in M, die ϱ enthält. Für eine binäre Relation ϱ ist

$$\varrho_1 = \varrho \cup \varrho^{-1} \cup \varrho^I$$

die kleinste reflexive und symmetrische Relation in M, die ϱ enthält. Also ist die transitive Hülle ϱ_1^T von ϱ_1 die kleinste Äquivalenzrelation in M, die ϱ enthält. Darauf beruht die folgende Definition.

Definition 2.6—4: Es sei ϱ eine binäre Relation in der Menge M. Dann heißt

$$\varrho_1^T = (\varrho \cup \varrho^{-1} \cup \varrho^I)^T$$

die von ϱ in M *erzeugte Äquivalenzrelation*.

Zwischen Relationen in einer Menge bildet die Mengeninklusion eine partielle Ordnung (also eine reflexive, transitive und antisymmetrische Relation), denn es gilt $\varrho_1 \subseteq \varrho_2$ genau dann, wenn aus $(a, b) \in \varrho_1$ stets $(a,b) \in \varrho_2$ folgt.

In einer Halbgruppe sind solche Relationen zwischen den Halbgruppenelementen wesentlich, die unter der algebraischen Operation der Halbgruppe erhalten bleiben. Deshalb die folgende Definition.

Definition 2.6—5: Eine binäre Relation ϱ in einer Halbgruppe H heißt

(a) *linksstabil* (oder linksinvariant), wenn aus $(a, b) \in \varrho$ stets $(xa, xb) \in \varrho$ für alle $x \in H$ folgt;

(b) *rechtsstabil* (oder rechtsinvariant), wenn aus $(a, b) \in \varrho$ stets $(ax, bx) \in \varrho$ für alle $x \in H$ folgt;

(c) *stabil* (oder invariant), wenn ϱ sowohl links- als auch rechtsstabil ist.

Definition 2.6—6: Eine Kongruenzrelation in einer Halbgruppe ist eine stabile Äquivalenzrelation. Sie heißt *Kongruenzrelation mit endlichem Index*, wenn sie nur eine endliche Zahl von Kongruenzklassen erzeugt.

Die Definition 2.6—4 bestimmte die von einer binären Relation in einer Menge erzeugte Äquivalenzrelation. Im folgenden wird die von einer binären Relation in einer Halbgruppe erzeugte Kongruenzrelation definiert.

Definition 2.6—7: Es sei ϱ eine binäre Relation in einer Halbgruppe H und $H \cup \{e\}$ die um das Einselement erweiterte Halbgruppe (falls $e \in M$, dann ist bereits $H = H \cup \{e\}$). Ferner sei

$$\varrho_1 = \varrho \cup \varrho^{-1} \cup \varrho^I .$$

Eine Relation ϱ_2 in H ist definiert durch

$(a, b) \in \varrho_2$ genau dann, wenn es Elemente $c, d \in H$ mit $(c, d) \in \varrho_1$ und Elemente $x, y \in H \cup \{e\}$ gibt derart, daß $a = xcy$ und $b = xdy$.

ϱ_2 heißt ϱ-*Übergang*.

Folgerungen:

(a) Es ist $\varrho_1 \subseteq \varrho_2$, da aus $(c, d) \in \varrho_1$ und $x = y = e$ folgt, daß $(c, d) \in \varrho_2$.

(b) ϱ_2 ist reflexiv und symmetrisch, da ϱ_1 reflexiv und symmetrisch ist: Aus $(a, a) \in \varrho_1$ folgt wegen (a), daß $(a, a) \in \varrho_2$ für alle $a \in H$; und aus $(a, b) \in \varrho_2$ folgt, daß $(a, b) = (xcy, xdy)$, also $(b, a) = (xdy, xcy)$ und wegen $(d, c) \in \varrho_1$ somit $(b, a) \in \varrho_2$.

(c) ϱ_2 ist stabil, denn $(a, b) \in \varrho_2$ impliziert, daß $(za, zb) \in \varrho_2$ und $(az, bz) \in \varrho_2$ für alle $z \in H$.

(d) Die transitive Hülle ϱ_2^T der Relation ϱ_2 ist eine stabile Äquivalenzrelation in H, also nach Definition 2.6—6 eine Kongruenzrelation. Es ist $\varrho_2 \subseteq \varrho_2^T$, somit

$$\varrho \subseteq \varrho_1 \subseteq \varrho_2 \subseteq \varrho_2^T.$$

ϱ_2^T ist die kleinste Kongruenzrelation in H, die ϱ enthält, da ϱ_2^T die kleinste transitive Relation ist, die ϱ_2 enthält. Darauf beruht die folgende Definition.

Definition 2.6—8: Es sei ϱ eine binäre Relation in einer Halbgruppe H. Dann heißt

$$\varrho_2^T = \varrho_2 \cup \varrho_2\varrho_2 \cup \varrho_2\varrho_2\varrho_2 \cup \cdots,$$

wobei ϱ_2 der ϱ-Übergang nach Definition 2.6—7 ist, die von ϱ in H erzeugte Kongruenzrelation.

Diese Relation wird später bei der Konstruktion von Automaten für beliebige Eingangshalbgruppen verwendet werden.

Theorem 2.6—3: *Es sei ϱ eine binäre Relation in einer Halbgruppe H und ϱ_2^T die von ϱ erzeugte Kongruenzrelation. Für $a, b \in H$ gilt $(a, b) \in \varrho_2^T$ genau dann, wenn b aus a durch eine endliche Folge von ϱ-Übergängen erhalten werden kann, d. h., wenn es Elemente $c_1, c_2, \ldots, c_n \in H$ gibt derart, daß $(a, c_1) \in \varrho_2$, $(c_1, c_2) \in \varrho_2, \ldots, (c_n, b) \in \varrho_2$.*

Beweis:

(a) Wenn $(a, b) \in \varrho_2^T$, dann gibt es wegen $\varrho_2^T = \varrho_2 \cup \varrho_2\varrho_2 \cup \cdots$ Elemente $c_1, c_2, \ldots, c_n \in H$ derart, daß $(a, c_1) \in \varrho_2$, $(c_1, c_2) \in \varrho_2$, $\ldots$, $(c_n, b) \in \varrho_2$ nach Definition 2.6—2.

(b) Wenn es Elemente $c_1, c_2, \ldots, c_n \in H$ gibt derart, daß $(a, c_1) \in \varrho_2$, $(c_1, c_2) \in \varrho_2$, $\ldots$, $(c_n, b) \in \varrho_2$, dann folgt aus der Transitivität von ϱ_2^T, daß $(a, b) \in \varrho_2^T$.

2.7. *Quotientenhalbgruppen*

Es sei ϱ eine Kongruenzrelation in einer Halbgruppe H und H/ϱ die Quotientenmenge von H bezüglich ϱ, d. h. die Menge aller Kongruenzklassen. $[x]$ und $[y]$ seien zwei Kongruenzklassen, also

$$[x] \in H/\varrho \text{ und } [y] \in H/\varrho .$$

Wenn $x_1, x_2 \in [x]$ und $y_1, y_2 \in [y]$, dann folgt aus $(x_1, x_2) \in \varrho$ und $(y_1, y_2) \in \varrho$, daß

$$(x_1y_1, x_2y_1) \in \varrho \text{ und } (x_2y_1, x_2y_2) \in \varrho ,$$

weil ϱ stabil ist, und somit

$$(x_1y_1, x_2y_2) \in \varrho,$$

da ϱ transitiv ist. Das bedeutet, daß das Produkt

$$[x]\,[y] = \{xy \mid x \in [x],\ y \in [y]\}$$

stets in einer bestimmten Kongruenzklasse $[z] \in H/\varrho$ enthalten ist;

$$[x]\,[y] \subseteq [z] .$$

Hiermit läßt sich folgende Verknüpfung in H/ϱ definieren:

Definition 2.7–1: Es sei ϱ eine Kongruenzrelation in einer Halbgruppe H. In H/ϱ sei eine Verknüpfung definiert durch

$$[x] \cdot [y] = [z]$$

genau dann, wenn

$$[x]\,[y] = \{xy \mid x \in [x],\ y \in [y]\} \subseteq [z].$$

Folgerung: Die Verknüpfung „·" ist assoziativ, denn mit der Assoziativität der Verknüpfung in H folgt, daß

$$[x]\,[y]\,[z] = ([x]\,[y])\,[z] \subseteq ([x] \cdot [y]) \cdot [z]$$

und

$$[x]\,[y]\,[z] = [x]\,([y]\,[z]) \subseteq [x] \cdot ([y] \cdot [z]).$$

Also bildet H/ϱ mit der Verknüpfung „·" eine Halbgruppe.

Definition 2.7–2: Es sei ϱ eine Kongruenzrelation in einer Halbgruppe H. Dann heißt H/ϱ mit der Verknüpfung „·" der Definition 2.7–1 die *Quotientenhalbgruppe* (auch Faktorhalbgruppe genannt) von H bezüglich ϱ.

Folgerung: Die Abbildung

$$\varphi : H \to H/\varrho \quad \text{mit} \quad \varphi(x) = [x]$$

ist ein Homomorphismus von H auf H/ϱ, denn

$$\varphi(x) \cdot \varphi(y) = [x] \cdot [y] = [xy] = \varphi(xy).$$

2.8. *Freie Halbgruppen*

Definition 2.8–1: Gegeben sei eine Menge X. Eine freie Halbgruppe auf der Menge X ist eine Halbgruppe F_X mit einer Abbildung

$$\mu : X \to F_X$$

derart, daß es für *jede* Abbildung

$$\nu : X \to H$$

der Menge X in eine beliebige Halbgruppe H *genau einen* Homomorphismus

$$\varphi : F_X \to H$$

mit $\varphi\mu = \nu$ gibt.

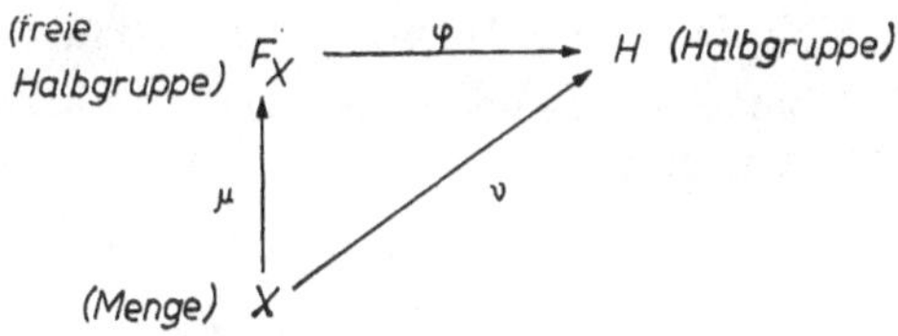

Theorem 2.8–1 (Existenztheorem): *Zu jeder Menge X gibt es eine freie Halbgruppe F_X.*

Beweis: Durch Konstruktion der freien Halbgruppe F_X. Es sei F_X die Menge aller geordneten endlichen Folgen von Elementen aus X, wobei Wiederholungen von Elementen in einer Folge erlaubt sind. Wenn

$$(x_1, x_2, \ldots, x_m) \text{ und } (y_1, y_2, \ldots, y_n)$$

zwei Folgen von Elementen aus X sind, so sei in F_X eine Verknüpfung definiert durch

$$(x_1, x_2, \ldots, x_m)\,(y_1, y_2, \ldots, y_n)$$
$$= (x_1, x_2, \ldots, x_m, y_1, y_2, \ldots, y_n).$$

Diese Verknüpfung ist abgeschlossen und assoziativ, also ist F_X eine Halbgruppe. Man nehme die Abbildung

$$\mu : X \to F_X \text{ mit } \mu(x) = (x) \text{ für alle } x \in X$$

(das Bild von x ist also die Folge aus F_X, die nur das Element x enthält). Es bleibt zu zeigen, daß F_X mit μ eine freie Halbgruppe auf X ist. Es sei

$$\nu : X \to H$$

eine beliebige Abbildung der Menge X in eine beliebige Halbgruppe H. Dann nehme man die Abbildung

$$\varphi : F_X \to H$$

mit

$$\varphi(x_1, x_2, \ldots, x_m) = \nu(x_1)\,\nu(x_2) \cdots \nu(x_m).$$

φ ist ein Homomorphismus, denn wegen der assoziativen Verknüpfung in H ist

$$\begin{aligned} &\varphi(x_1, x_2, \ldots, x_m)\,\varphi(y_1, y_2, \ldots, y_n) \\ &= \nu(x_1)\,\nu(x_2) \cdots \nu(x_m)\,\nu(y_1)\,\nu(y_2) \cdots \nu(y_n) \\ &= \varphi(x_1, x_2, \ldots, x_m, y_1, y_2, \ldots, y_n). \end{aligned}$$

Für jedes Element $x \in X$ gilt

$$\varphi\mu(x) = \varphi[\mu(x)] = \varphi[(x)] = \nu(x);$$

also ist

$$\varphi\mu = \nu.$$

Es sei nun

$$\psi : F_X \to H$$

ein weiterer Homomorphismus mit $\psi\mu = \nu$. Dann ist für irgendein Element $(x_1, x_2, \ldots, x_m) \in F_X$:

$$\begin{aligned} \psi(x_1, x_2, \ldots, x_m) &= \psi[(x_1) \cdots (x_m)] \\ &= \psi[\mu(x_1)\mu(x_2) \cdots \mu(x_m)] \\ &= \psi[\mu(x_1)]\,\psi[\mu(x_2)] \cdots \psi[\mu(x_m)] \\ &\quad \text{(da } \psi \text{ ein Homomorphismus ist)} \\ &= \nu(x_1)\,\nu(x_2) \cdots \nu(x_m) \\ &\quad \text{(wegen } \psi\mu = \nu) \\ &= \varphi(x_1, x_2, \ldots, x_m). \end{aligned}$$

Also ist $\psi = \varphi$; der Homomorphismus φ mit $\varphi\mu = \nu$ ist eindeutig; und damit ist das Theorem bewiesen.

Theorem 2.8—2 (Eindeutigkeitstheorem): *Wenn F_X mit der Abbildung $\mu : X \to F_X$ und F_X' mit der Abbildung $\mu' : X \to F_X'$ freie Halbgruppen auf derselben Menge X sind, so sind F_X und F_X' isomorph.*

Beweis: Da F_X mit μ eine freie Halbgruppe auf X ist, gibt es für μ' genau einen Homomorphismus φ mit $\varphi\mu = \mu'$. Da auch F_X' mit μ' eine freie Halbgruppe auf X ist, gibt es auch für μ genau einen Homomorphismus φ' mit $\varphi'\mu' = \mu$.

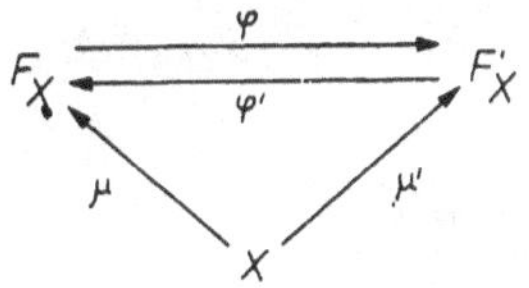

Es ist

$$(\varphi'\varphi)\mu = \varphi'(\varphi\mu) = \varphi'\mu' = \mu$$

und

$$(\varphi\varphi')\mu' = \varphi(\varphi'\mu') = \varphi\mu = \mu'.$$

Somit ist φ ein bijektiver Homomorphismus, d. h. ein Isomorphismus.

Jede Menge X bestimmt also bis auf Isomorphie genau eine freie Halbgruppe F_X. Da die Abbildung $\mu : X \to F_X$ injektiv ist, kann man das Bild $\mu(X)$ mit X identifizieren, und damit wird X zu einer Teilmenge von F_X, die F_X erzeugt. Jede Abbildung ν von X in eine beliebige Halbgruppe H erweitert sich zu genau einer homomorphen Abbildung von F_X in H.

Folgerung: Die freie Halbgruppe F_X auf einer Menge X ist eine Halbgruppe mit beidseitiger Kürzung.

Theorem 2.8—3: *Es sei F_M die freie Halbgruppe auf der Menge M. Es gilt*

$$M = F_M - F_M F_M,$$

wobei $F_M F_M$ *die Menge aller Produkte*

$$(x_1, x_2, \ldots, x_n)\,(y_1, y_2, \ldots, y_m)$$

ist.

Beweis: Da $x = (x) \in F_M$ für alle $x \in M$ und jedes Element aus $F_M F_M$ aus mindestens zwei Gliedern besteht, ist

$$M \subseteq F_M - F_M F_M .$$

Andererseits gehört jedes Element aus F_M mit mindestens zwei Gliedern zu $F_M F_M$, also

$$F_M - F_M F_M \subseteq M .$$

Daraus folgt

$$M = F_M - F_M F_M .$$

Theorem 2.8—4: *Es seien* F_M *und* F_N *freie Halbgruppen auf den Mengen* M *bzw.* N *und* φ *ein Isomorphismus von* F_M *auf* F_N. *Dann ist*

$$\varphi(M) = N .$$

Beweis: Aus den Eigenschaften eines Isomorphismus folgt mit Theorem 2.8—3, daß

$$\begin{aligned}\varphi(M) &= \varphi(F_M - F_M F_M) = \varphi(F_M) - \varphi(F_M F_M)\\ &= F_N - \varphi(F_M)\,\varphi(F_M) = F_N - F_N F_N\\ &= N .\end{aligned}$$

Übungsaufgaben mit Lösungen

(1) Die folgende Verknüpfungstafel ist eine spezielle VIGENÈRE-Tafel zur Chiffrierung von Texten. (BLAISE DE VIGENÈRE war Diplomat und Kryptograph unter Heinrich III. von Frankreich.)

	a	b	c	d	e
a	a	b	c	d	e
b	b	c	d	e	a
c	c	d	e	a	b
d	d	e	a	b	c
e	e	a	b	c	d

Stellt die Tafel eine Halbgruppe dar?

Lösung: Als erzeugende Menge kann z. B. $\{b\}$ genommen werden.

Assoziativitätstest:

$\downarrow b$					
b	b	c	d	e	a
c	c	d	e	a	b
d	d	e	a	b	c
e	e	a	b	c	d
a	a	b	c	d	e

$\vec{b}$	b	c	d	e	a
	b	c	d	e	a
	c	d	e	a	b
	d	e	a	b	c
	e	a	b	c	d
	a	b	c	d	e

Also stellt die Tafel eine Halbgruppe dar.

Andere erzeugende Mengen sind $\{c\}$, $\{d\}$ und $\{e\}$.
Man beachte, daß man es bei dem Assoziativitätstest mit folgenden Tafeln zu tun hat:

Cayley-Tafel:

	x	g_i	y
x		xg_i	
g_i			g_iy
y			

Light-Tafeln:

$\downarrow g_i$	y
xg_i	$(xg_i)y$

$\vec{g_i}$	g_iy
x	$x(g_iy)$

(2) Man definiere in einer nichtleeren Menge M eine binäre Operation derart, daß jedes Element aus M zugleich linkes Einselement und rechtes Nullelement ist. Bildet M mit solch einer Operation eine Halbgruppe?

Lösung:

$$xy = y \quad \text{für alle } x,\ y \in M.$$

Daraus folgt:

$$(xy)z = yz = z,$$
$$x(yz) = xz = z.$$

Also ist M eine Halbgruppe.

(3) Kreuzung zweier ungekoppelter Gene diploider Organismen mit je zwei dominant/rezessiven Allelen:

Bei Rindern ist das Allel für schwarze Fellfarbe dominant über das Allel für rotbraune Fellfarbe, das Allel für Ganzfarbigkeit ist dominant über das Allel für Scheckung.

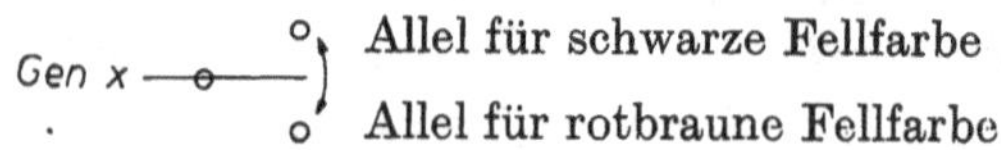

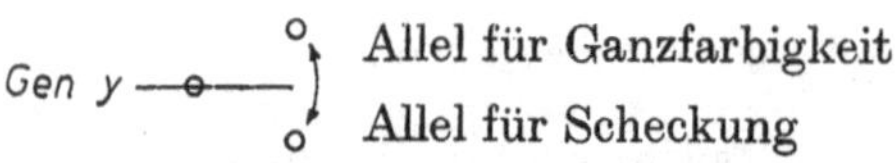

(a) Man stelle eine CAYLEY-Tafel auf, die alle möglichen Kreuzungen enthält.

Hinweis: In der durch die CAYLEY-Tafel dargestellten Abbildung $\mu : M \times M \to M$ ist $M \times M$ der Genotyp und $\mu(M \times M)$ der Phänotyp aller möglichen Kreuzungen.

b) Man zeige, daß die Kreuzungstafel die Struktur einer Halbgruppe besitzt.

Lösung:

(a) Es bezeichne

$s =$ schwarze Fellfarbe $\qquad s \xrightarrow{\text{dominant}} r$

$r =$ rotbraune Fellfarbe

$G =$ Ganzfarbigkeit

$S =$ Scheckung $\qquad G \xrightarrow{\text{dominant}} S$

♀ \ ♂	(a) sG	(b) sS	(c) rG	(d) rS
(a) sG	sG	sG	sG	sG
(b) sS	sG	sS	sG	sS
(c) rG	sG	sG	rG	rG
(d) rS	sG	sS	rG	rS

(b) Eine erzeugende Menge ist $A = \{b, c, d\}$.

Assoziativitätstest:

b	a	b	a	b
a	a	a	a	a
b	a	b	a	b
a	a	a	a	a
b	a	b	a	b

c	a	a	c	c
a	a	a	a	a
a	a	a	a	a
c	a	a	c	c
c	a	a	c	c

d	a	b	c	d
a	a	a	a	a
b	a	b	a	b
c	a	a	c	c
d	a	b	c	d

Also besitzt die Kreuzungstafel die Struktur einer Halbgruppe.

(4) (a) Man betrachte bei der Kreuzung von Diplonten zwei Gene, die in jeweils zwei intermediären Allelen erscheinen können.

Gen a ○—{ ○ Allel A, ♀ Allel A' $\qquad$ Gen b ○—{ ○ Allel B, ○ Allel B'

Neun Phänotypen treten insgesamt auf. Man zeige, daß diesen Phänotypen in einer Kreuzungstafel neun symmetrische, disjunkte Relationen entsprechen.

(b) Man zeige, daß, wenn ein Allelenpaar dominant/rezessiv ist, sich die Zahl der Phänotypen auf sechs vermindert.

(c) Wieviel Phänotypen gibt es, wenn beide Allelenpaare dominant/rezessiv sind?

Lösung:

(a)

♀ \ ♂	AB	AB'	$A'B$	$A'B'$
AB	1	2	4	5
AB'	2	3	5	6
$A'B$	4	5	7	8
$A'B'$	5	6	8	9

(b) Es sei $A \xrightarrow{\text{dominant}} A'$:

♀ \ ♂	AB	AB'	$A'B$	$A'B'$
AB	1	2	1	2
AB'	2	3	2	3
$A'B$	1	2	4	5
$A'B'$	2	3	5	6

(c) Vier Phänotypen:
Es sei $A \xrightarrow{\text{dominant}} A'$ und $B \xrightarrow{\text{dominant}} B'$.

♀ \ ♂	AB	AB'	$A'B$	$A'B'$
AB	1	1	1	1
AB'	1	2	1	2
$A'B$	1	1	3	3
$A'B'$	1	2	3	4

(5) Man beweise, daß die Identitätsrelation ϱ^I das Einselement der Halbgruppe R_M aller binären Relationen in einer Menge M ist.

Lösung: Nach Theorem 2.6—2 ist für alle $\varrho \in R_M$:

$$\varrho \subseteq \varrho^I \varrho \quad \text{und} \quad \varrho \subseteq \varrho \varrho^I .$$

$$(a, b) \in \varrho^I \varrho \Rightarrow (a, a) \in \varrho^I \quad \text{und} \quad (a, b) \in \varrho \Rightarrow \varrho^I \varrho \subseteq \varrho .$$

$$(a, b) \in \varrho \varrho^I \Rightarrow (a, b) \in \varrho \quad \text{und} \quad (b, b) \in \varrho^I \Rightarrow \varrho \varrho^I \subseteq \varrho .$$

Also

$$\varrho^I \varrho = \varrho \varrho^I = \varrho .$$

(6) Man berechne die durch die Relation

$$\varrho = \{(1, 2), (3, 4), (1, 8)\}$$

in der Menge $M = \{1, 2, 3, 4, 5, 6, 7, 8\}$ erzeugte Äquivalenzrelation und die zugehörige Quotientenmenge, d. h. die Menge aller Äquivalenzklassen.

Hinweis: Um die Notation zu vereinfachen, schreibe man xy für (x, y) (diese Schreibweise bezeichnet hier also kein Produkt, sondern ein Paar).

Lösung:

$$
\begin{aligned}
M &= \{1, 2, 3, 4, 5, 6, 7, 8\}, \\
\varrho &= \{12, 34, 18\}, \\
\varrho^{-1} &= \{21, 43, 81\}, \\
\varrho^I &= \{11, 22, 33, 44, 55, 66, 77, 88\}, \\
\varrho_1 &= \varrho \cup \varrho^{-1} \cup \varrho^I \\
&= \{11, 12, 18, 21, 22, 33, 34, 43, 44, 55, 66, 77, \\
&\quad 81, 88\}, \\
\varrho_1 \varrho_1 &= \{11, 12, 18, 21, 22, 28, 33, 34, 43, 44, 55, 66, 77, \\
&\quad 81, 82, 88\},
\end{aligned}
$$

$$\varrho_1(\varrho_1\varrho_1) = \{11, 12, 18, 21, 22, 28, 33, 34, 43, 44, 55, 66, 77, 81, 82, 88\} = \varrho_1\varrho_1,$$

$$\varrho_1^T = \varrho_1 \cup \varrho_1\varrho_1 = \varrho_1\varrho_1,$$

$$M/\varrho_1^T = \{\{1, 2, 8\}, \{3, 4\}, \{5\}, \{6\}, \{7\}\}.$$

(7) Man beweise: Es sei ϱ eine binäre Relation in einer Menge M. Dann gilt:

(a) ϱ ist reflexiv $\Leftrightarrow \varrho^I \subseteq \varrho$,

(b) ϱ ist symmetrisch $\Leftrightarrow \varrho^{-1} = \varrho$,

(c) ϱ ist transitiv $\Leftrightarrow \varrho\varrho \subseteq \varrho$.

Lösung:

(a) ϱ ist reflexiv $\Leftrightarrow (x, x) \in \varrho$ für alle $x \in M$ $\Leftrightarrow \varrho^I \subseteq \varrho$,

(b) ϱ ist symmetrisch $\Leftrightarrow [(x, y) \in \varrho \Rightarrow (y, x) \in \varrho] \Leftrightarrow \varrho^{-1} = \varrho$,

(c) ϱ ist transitiv $\Leftrightarrow [(x, y) \in \varrho$ und $(y, z) \in \varrho \Rightarrow (x, z) \in \varrho]$ $\Leftrightarrow [(x, z) \in \varrho\varrho \Rightarrow (x, z) \in \varrho]$ $\Leftrightarrow \varrho\varrho \subseteq \varrho$.

(8) Warum ist die transitive Hülle ϱ^T der Relation ϱ die kleinste transitive Relation, die ϱ enthält?

Lösung: Wenn $(a, b) \in \varrho^T$ und $(b, c) \in \varrho^T$, dann gibt es ein i und ein j derart, daß

$$(a, b) \in \underbrace{\varrho\varrho \cdots \varrho}_{i\text{-mal}} = \varrho^i$$

und

$$(b, c) \in \underbrace{\varrho\varrho \cdots \varrho}_{j\text{-mal}} = \varrho^j.$$

Also ist nach Definition 2.6—2

$$(a, c) \in \varrho^i \varrho^j = \varrho^{i+j}$$

und damit $(a, c) \in \varrho^T$. Somit ist ϱ^T transitiv. Es sei nun ϱ' eine transitive Relation mit $\varrho \subseteq \varrho'$. Dann gilt

$$\varrho \subseteq \varrho' \Rightarrow \varrho^2 \subseteq \varrho'^2 \subseteq \varrho'.$$

Also auch

$$\varrho^3 \subseteq \varrho', \quad \varrho^4 \subseteq \varrho', \quad \ldots, \quad \varrho^T \subseteq \varrho'.$$

Somit ist ϱ^T die kleinste transitive Relation, die ϱ enthält.

(9) Man zeige, daß in der Halbgruppe R_M aller binären Relationen in einer Menge M jede Äquivalenzrelation ϱ idempotent ist (also $\varrho\varrho = \varrho$ gilt).

Lösung:

$$\begin{aligned}(a, b) \in \varrho &\Rightarrow (a,a) \in \varrho \quad \text{und} \quad (a, b) \in \varrho\\ &\Rightarrow (a, b) \in \varrho\varrho\\ &\Rightarrow \varrho \subseteq \varrho\varrho,\\ (a, b) \in \varrho\varrho &\Rightarrow \text{es gibt ein } x \in M \text{ derart, daß}\\ &\qquad (a, x) \in \varrho \quad \text{und} \quad (x, b) \in \varrho\\ &\Rightarrow (a, b) \in \varrho\\ &\Rightarrow \varrho\varrho \subseteq \varrho.\end{aligned}$$

Also ist $\varrho\varrho = \varrho$.

(10) In der Menge $M = \{a, b, c\}$ sei folgende Verknüpfung definiert:

	a	b	c
a	b	c	b
b	c	b	c
c	b	c	a

Bildet M mit dieser Verknüpfung eine Halbgruppe?

Lösung: Erzeugende Menge $= \{a\}$, denn $aa = b$ und $a(aa) = c$.

LIGHT-Tafeln:

a			
b	c	b	c
c	b	c	a
b	c	b	c

a	b	c	b
	c	b	c
	b	c	b
	c	a	c

Die Verknüpfung ist nicht assoziativ.

3. Automaten

3.1. *Einleitung*

Die Automatentheorie ist ein Teilgebiet der allgemeinen Theorie diskreter Systeme; Automaten sind besondere Semi-Thue-Systeme; die Grundtypen von Automaten sind Generatoren, Transduktoren und Akzeptoren; und diese drei Grundtypen sind aufs engste mit den Fragen der Aufzählbarkeit, Berechenbarkeit und Entscheidbarkeit verknüpft.

Grundtypen von Automaten:

Aufzählbarkeit Berechenbarkeit Entscheidbarkeit

Im folgenden werden die Kernstrukturen von Automaten, die Halbautomaten, untersucht und die Theorie der Halbautomaten bis zur Zerlegungstheorie von KROHN und RHODES hin entwickelt. Es wird gezeigt, wie fundamental die Halbgruppentheorie für die mathematische Behandlung der Automaten ist.

3.2. *Halbautomaten und ihre Halbgruppen*

Definition 3.2—1: Ein *Halbautomat* (diese Benennung stammt von A. GINZBURG) ist ein Tripel

$$A = (S, X, \delta),$$

wobei

(1) S eine nichtleere endliche Menge von Zustandsgrößen,

(2) X eine nichtleere endliche Menge von Eingangsgrößen,

(3) $\delta : S \times X \to S$ eine Zustandsüberführungsfunktion ist.

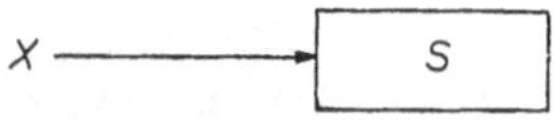

Um das Verhalten des Halbautomaten bei einer Folge von Eingangsgrößen untersuchen zu können, wird die Abbildung erweitert zu

$$\delta : S \times F_X \to S,$$

wobei F_X die von X erzeugte freie Halbgruppe mit Einselement (leere Folge) Λ ist und

$$\delta(s, \Lambda) = s,$$

$$\delta(s, x_1 x_2 \cdots x_n) = \delta[\delta(s, x_1 x_2 \cdots x_{n-1}), x_n]$$

für alle Elemente $x_1, x_2, \ldots, x_n \in X$. Jeder Eingangsfolge $\bar{x} = x_1 x_2 \cdots x_n \in F_X$ kann eine Abbildung

$$\mu_{\bar{x}} : S \to S$$

durch

$$\mu_{\bar{x}}(s) = \delta(s, \bar{x})$$

zugeordnet werden. Es ist dann

$$\mu_\Lambda(s) = \delta(s, \Lambda) = s$$

und

$$\mu_{\bar{x}_1\bar{x}_2}(s) = \delta(s, \bar{x}_1\bar{x}_2) = \delta[\delta(s, \bar{x}_1), \bar{x}_2] = \mu_{\bar{x}_2}\big(\mu_{\bar{x}_1}(s)\big).$$

Für diese Verknüpfung zweier Abbildungen werde $\mu_{\bar{x}_1} \circ \mu_{\bar{x}_2}$ geschrieben; es ist also per definitionem

$$\mu_{\bar{x}_1} \circ \mu_{\bar{x}_2}(s) = \mu_{\bar{x}_2}\big(\mu_{\bar{x}_1}(s)\big)$$

und damit

$$\mu_{\bar{x}_1} \circ \mu_{\bar{x}_2} = \mu_{\bar{x}_1\bar{x}_2}.$$

Die Menge $M = \{\mu_{\bar{x}} \mid \bar{x} \in F_X\}$ mit der Verknüpfung „$\circ$" ist eine Halbgruppe mit dem Einselement μ_Λ (Identitätsabbildung); sie wird erzeugt durch die Menge $\{\mu_x \mid x \in X\} \cup \{\mu_\Lambda\}$:

$$\mu_{\bar{x}} = \mu_{x_1x_2\,\ldots\,x_n} = \mu_{x_1} \circ \mu_{x_2} \circ \ldots \circ \mu_{x_n}.$$

Die Halbgruppe M heißt Halbgruppe des Halbautomaten $A = (S, X, \delta)$.

Weil es $|S|^{|S|}$ verschiedene Abbildungen der Menge S in sich gibt ($|S|$ = Kardinalzahl von S), ist also

$$|M| \leqq |S|^{|S|}.$$

Da andererseits die freie Eingangshalbgruppe F_X abzählbar unendlich viele Elemente enthält, ist in F_X durch die Abbildungen $\mu_{\bar{x}}$ folgende Relation gegeben:

Definition 3.2—2: In F_X sei eine Relation $\varrho \subseteq F_X \times F_X$ bestimmt durch

$$(\bar{x}_1, \bar{x}_2) \in \varrho \Leftrightarrow \mu_{\bar{x}_1} = \mu_{\bar{x}_2}.$$

Folgerung: Die Relation ϱ der Definition 3.2—2 ist eine Kongruenzrelation in F_X, denn

(1) $(\bar{x},\bar{x}) \in \varrho$ für alle $\bar{x} \in F_X$ (Reflexivität),

(2) wenn $(\bar{x}_1, \bar{x}_2) \in \varrho$, dann $(\bar{x}_2, \bar{x}_1) \in \varrho$ (Symmetrie),

(3) wenn $(\bar{x}_1, \bar{x}_2) \in \varrho$ und $(\bar{x}_2, \bar{x}_3) \in \varrho$, dann $(\bar{x}_1, \bar{x}_3) \in \varrho$ (Transitivität),

(4) wenn $(\bar{x}_1, \bar{x}_2) \in \varrho$, dann $(\bar{x}_i\bar{x}_1\bar{x}_j, \bar{x}_i\bar{x}_2\bar{x}_j) \in \varrho$ für alle $\bar{x}_i, \bar{x}_j \in F_X$ (Stabilität), weil, wenn

$(\bar{x}_1, \bar{x}_2) \in \varrho$, also $\mu_{\bar{x}_1} = \mu_{\bar{x}_2}$, dann

$$\mu_{\bar{x}_i} \circ \mu_{\bar{x}_1} \circ \mu_{\bar{x}_j} = \mu_{\bar{x}_i} \circ \mu_{\bar{x}_2} \circ \mu_{\bar{x}},$$

also

$$\mu_{\bar{x}_i\bar{x}_1\bar{x}_j} = \mu_{\bar{x}_i\bar{x}_2\bar{x}_j}.$$

Die Relation ϱ ist also eine Kongruenzrelation mit endlichem Index, da die Menge S endlich ist. Die Kongruenzklasse von $\bar{x}$ sei bezeichnet durch $[\bar{x}]$. In der Quotientenmenge

$$F_X/\varrho = \{[\bar{x}] \mid \bar{x} \in F_X\}$$

werde eine Verknüpfung definiert durch

$$[\bar{x}_1][\bar{x}_2] = [\bar{x}_1\bar{x}_2].$$

Diese Verknüpfung ist auf Grund der Stabilität der Relation eindeutig definiert, denn für alle

$$\bar{x}_{11}, \bar{x}_{12} \in [\bar{x}_1] \quad \text{und} \quad \bar{x}_{21}, \bar{x}_{22} \in [\bar{x}_2],$$

also

$$(\bar{x}_{11}, \bar{x}_{12}) \in \varrho \quad \text{und} \quad (\bar{x}_{21}, \bar{x}_{22}) \in \varrho,$$

ist

$$(\bar{x}_{11}\bar{x}_{21}, \bar{x}_{12}\bar{x}_{21}) \in \varrho \quad \text{und} \quad (\bar{x}_{12}\bar{x}_{21}, \bar{x}_{12}\bar{x}_{22}) \in \varrho,$$

also

$$(\bar{x}_{11}\bar{x}_{21}, \bar{x}_{12}\bar{x}_{22}) \in \varrho$$

und damit

$$\bar{x}_{11}\bar{x}_{21}, \bar{x}_{12}\bar{x}_{22} \in [\bar{x}_1\bar{x}_2].$$

Die Verknüpfung in F_X/ϱ ist ferner abgeschlossen und assoziativ; F_X/ϱ ist also eine Halbgruppe (eine Quotientenhalbgruppe) mit dem Einselement $[\Lambda]$.

Folgerungen:

(a) F_X/ϱ ist ein homomorphes Bild von F_X, denn die Abbildung

$$\varphi : F_X \to F_X/\varrho \quad \text{mit} \quad \varphi(\bar{x}) = [\bar{x}]$$

ist ein Homomorphismus:

$$\varphi(\bar{x}_1)\varphi(\bar{x}_2) = [\bar{x}_1][\bar{x}_2] = [\bar{x}_1\bar{x}_2] = \varphi(\bar{x}_1\bar{x}_2).$$

(b) F_X/ϱ ist isomorph zu M, denn für die Abbildung

$$\psi : F_X/\varrho \to M \quad \text{mit} \quad \psi([\bar{x}]) = \mu_{\bar{x}}$$

ist:

$$(1)\quad \mu_{\bar{x}_1} = \mu_{\bar{x}_2} \Leftrightarrow (\bar{x}_1, \bar{x}_2) \in \varrho$$
$$\Leftrightarrow [\bar{x}_1] = [\bar{x}_2]$$

für $\bar{x}_1, \bar{x}_2 \in F_X$ (Bijektion),

$$(2)\quad \psi([\bar{x}_1]) \circ \psi([\bar{x}_2]) = \mu_{\bar{x}_1} \circ \mu_{\bar{x}_2} = \mu_{\bar{x}_1\bar{x}_2}$$
$$= \psi([\bar{x}_1\bar{x}_2]).$$

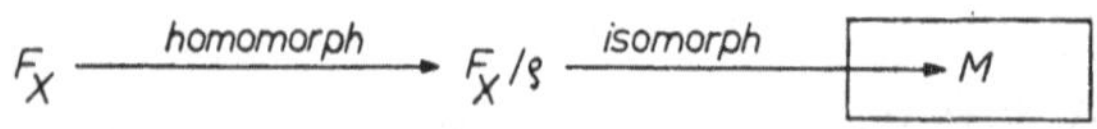

Freie Eingangshalbgruppe — Eingangsquotientenhalbgruppe — Halbgruppe des Halbautomaten $A = (S, X, \delta)$

Beispiel: Der Halbautomat $A = (S, X, \delta)$ sei gegeben durch seine Funktionstafel bzw. durch seinen Graphen:

δ	x_1	x_2
s_1	s_1	s_2
s_2	s_2	s_3
s_3	s_3	s_1

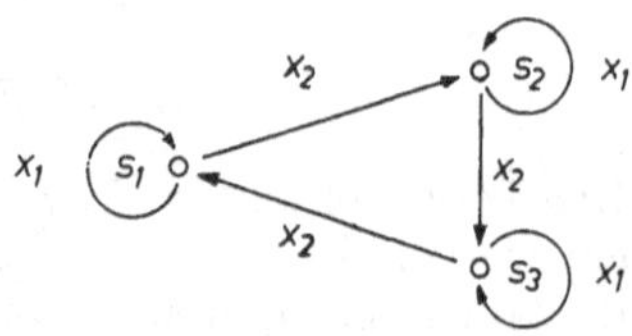

Die Halbgruppe M von A wird erzeugt durch die Menge $\{\mu_{x_1}, \mu_{x_2}\}$, wobei $\mu_{x_1} = \mu_\Lambda$ ist:

$\rightarrow$	μ_{x_1}	μ_{x_2}	$\mu_{x_2x_2}$	$\mu_{x_2x_2x_2} = \mu_{x_1}$
s_1	s_1	s_2	s_3	s_1
s_2	s_2	s_3	s_1	s_2
s_3	s_3	s_1	s_2	s_3

Somit erhält man die Verknüpfungstafel von M:

	μ_{x_1}	μ_{x_2}	$\mu_{x_2x_2}$
$\mu_\Lambda = \mu_{x_1}$	μ_{x_1}	μ_{x_2}	$\mu_{x_2x_2}$
μ_{x_2}	μ_{x_2}	$\mu_{x_2x_2}$	μ_{x_1}
$\mu_{x_2x_2}$	$\mu_{x_2x_2}$	μ_{x_1}	μ_{x_2}

Die Verknüpfungstafel von F_X/ϱ ist:

	$[x_1]$	$[x_2]$	$[x_2x_2]$
$[\Lambda] = [x_1]$	$[x_1]$	$[x_2]$	$[x_2x_2]$
$[x_2]$	$[x_2]$	$[x_2x_2]$	$[x_1]$
$[x_2x_2]$	$[x_2x_2]$	$[x_1]$	$[x_2]$

Im folgenden wird ein Verfahren gezeigt, wie man für einen gegebenen Halbautomaten $A = (S, X, \delta)$ die Eingangsquotientenhalbgruppe F_X/ϱ finden kann. Verwendet werden gerichtete Graphen ohne Schleifen mit genau einem Wurzelpunkt. Das Verfahren ergibt sich aus den Eigenschaften der Halbgruppen F_X/ϱ bzw. M.

K o n s t r u k t i o n d e r E i n g a n g s q u o t i e n t e n h a l b g r u p p e: Gegeben sei ein Halbautomat $A = (S, X, \delta)$. Es sei $|S| = m$ und $|X| = n$.

(1) Der Wurzelpunkt des gerichteten, schleifenlosen Graphen (des „Baumes“) werde bezeichnet durch das m-Tupel

$$(s_1, s_2, \ldots, s_m).$$

(2) Vom Wurzelpunkt gehen n gerichtete Kanten aus; diese Kanten werden bezeichnet durch

$$x_1, x_2, \ldots, x_n.$$

Die n Punkte, zu denen diese Kanten führen, werden bezeichnet durch das m-Tupel

$$\big(\delta(s_1, x_j),\ \delta(s_2, x_j),\ \ldots,\ \delta(s_m, x_j)\big)$$

mit $j = 1, 2, \ldots, n$.

(3) Von jedem der durch (2) gebildeten n Punkte gehen n gerichtete Kanten aus, die wiederum durch

$$x_1, x_2, \ldots, x_n$$

bezeichnet werden. Die Punkte, zu denen die Kanten führen, werden bezeichnet durch das m-Tupel

$$\big(\delta(s_{i_1}, x_j),\ \delta(s_{i_2}, x_j),\ \ldots,\ \delta(s_{i_m}, x_j)\big)$$

mit $j = 1, 2, \ldots, n$, wenn der Punkt, von dem die Kante ausgeht, durch das m-Tupel

$$(s_{i_1}, s_{i_2}, \ldots, s_{i_m})$$

bezeichnet wird.

(4) Der Schritt (3) wird für alle neugebildeten Punkte so lange fortgesetzt, bis

(a) ein Punkt P durch dasselbe m-Tupel bezeichnet wird wie ein Punkt P', dessen Entfernung vom Wurzelpunkt (Länge der Kantenfolge vom Wurzelpunkt bis P') kleiner ist als die Entfernung von P bis zum Wurzelpunkt (dabei brauchen die beiden Kantenfolgen aber keine gemeinsamen Elemente zu enthalten); vom Punkt P gehen dann keine weiteren Kanten aus;

(b) ein Punkt P durch dasselbe m-Tupel bezeichnet wird wie ein Punkt P', dessen Entfernung vom Wurzelpunkt gleich ist der Entfernung von P bis zum Wurzelpunkt (auch hierbei brauchen die beiden Kantenfolgen keine gemeinsamen Elemente zu haben); vom Punkt P gehen dann keine weiteren Kanten aus (wohl aber vom Punkt P').

Beispiel: Der Halbautomat $A = (S, X, \delta)$ sei folgendermaßen gegeben:

$S \backslash X$	x_1	x_2
s_1	s_1	s_2
s_2	s_2	s_1

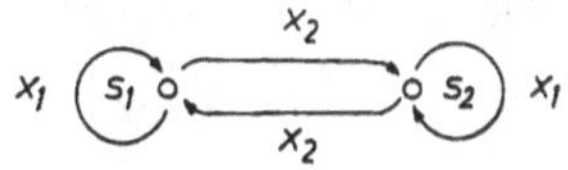

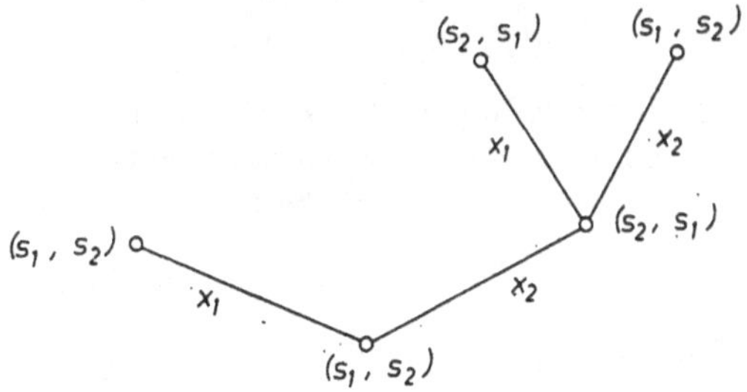

Jede Kantenfolge vom Wurzelpunkt zu einem der Endpunkte des Graphen beschreibt eine Abbildung $\mu_{\bar{x}}$ aus der Halbgruppe M bzw. ein Element einer Kongruenzklasse $[\bar{x}]$ aus der Quotientenhalbgruppe F_X/ϱ. Zum Beispiel:

$\rightarrow$	$\mu_{x_2x_1} = \mu_{x_2} \circ \mu_{x_1} \triangleq [x_2x_1]$
s_1	s_2
s_2	s_1

Der Wurzelpunkt (s_1, s_2) geht in folgende Punkte über:

$(s_1, s_2) \rightarrow (s_1, s_2)$ durch Λ, x_1, x_2x_2.
$(s_1, s_2) \rightarrow (s_2, s_1)$ durch x_2, x_2x_1.

Also ist

$$[\Lambda] = [x_1] = [x_2x_2],$$
$$[x_2] = [x_2x_1].$$

Damit ergibt sich die Eingangsquotientenhalbgruppe:

F_X/ϱ	$[\Lambda]$	$[x_2]$
$[\Lambda]$	$[\Lambda]$	$[x_2]$
$[x_2]$	$[x_2]$	$[\Lambda]$

Die isomorphe Halbgruppe M ist somit:

M	μ_Λ	μ_{x_2}
$\mu_\Lambda = \mu_{x_1}$	μ_Λ	μ_{x_2}
μ_{x_2}	μ_{x_2}	μ_Λ

Für jedes Element $\bar{x} \in F_X$ kann jetzt herausgefunden werden, in welche Kongruenzklasse es gehört. Dazu wird die Rechtsstabilität verwendet:

$$[\bar{x}_i] = [\bar{x}_j] \Rightarrow [\bar{x}_i \bar{x}_k] = [\bar{x}_j \bar{x}_k].$$

Zum Beispiel: Für $\bar{x} = x_1 x_1 x_2 x_1 x_2 x_2$ ist

$[x_1 x_1 x_2 x_1 x_2 x_2] = [x_1 x_2 x_1 x_2 x_2]$, denn $[x_1] = [\Lambda]$, also

$[x_1 (x_1 x_2 x_1 x_2 x_2)] = [\Lambda (x_1 x_2 x_1 x_2 x_2)] = [x_1 x_2 x_1 x_2 x_2]$.

Ebenso:

$$[x_1 x_2 x_1 x_2 x_2] = [x_1 (x_2 x_1 x_2 x_2)] = [\Lambda (x_2 x_1 x_2 x_2)]$$
$$= [x_2 x_1 x_2 x_2] = [x_2 x_1 (x_2 x_2)] = [x_2 (x_2 x_2)]$$
$$= [x_2 x_2 x_2] = [x_2 x_2 (x_2)] \doteq [\Lambda (x_2)] = [x_2].$$

Also ist $[x_1 x_1 x_2 x_1 x_2 x_2] = [x_2]$.

Das folgende Theorem zeigt, daß es mindestens ebenso viele Halbautomaten wie endliche Monoide (Halbgruppen mit Einselement) gibt.

Theorem 3.2–1 (J. R. Myhill): *Zu jedem endlichen Monoid gibt es einen Halbautomaten, dessen Halbgruppe zu dem gegebenen Monoid isomorph ist.*

Beweis: Durch Konstruktion des Halbautomaten. Das gegebene Monoid sei H. Man nehme für den gesuchten Halbautomaten $A = (S, X, \delta)$ für die Zustandsmenge S die Menge H, für die Eingangsmenge X eine Menge von Elementen, die mit den Elementen von H indiziert werden, also $X = \{x_h \mid h \in H\}$, und für die Zustandsüberführungsfunktion δ die Abbildung

$$\delta : H \times X \to H \text{ mit } \delta(h_1, x_{h_2}) = h_1 h_2$$

für $h_1, h_2 \in H$. Die Menge

$$M = \{\mu_{x_h} \mid h \in H\}$$

aller Abbildungen

$$\mu_{x_h} : H \to H \text{ mit } \mu_{x_h}(h') = \delta(h', x_h) = h'h$$

ist mit der Verknüpfung „$\circ$" eine Halbgruppe, denn die Abgeschlossenheit von M folgt mit $h_1, h_2, h' \in H$ aus

$$\begin{aligned} \mu_{x_{h_1}} \circ \mu_{x_{h_2}}(h') &= \mu_{x_{h_2}}(\mu_{x_{h_1}}(h')) \\ &= \delta[\delta(h', x_{h_1}), x_{h_2}] \\ &= \delta(h'h_1, x_{h_2}) = h'h_1h_2 \\ &= \delta(h', x_{h_1h_2}) = \mu_{x_{h_1h_2}}(h'), \end{aligned}$$

also $\mu_{x_{h_1}} \circ \mu_{x_{h_2}} \in M$, da $h_1h_2 \in H$. Bezeichnet e das Einselement des gegebenen Monoides H, so ist

$$\mu_{x_e}(h') = \delta(h', x_e) = h'e = h';$$

also ist μ_{x_e} die Identitätsabbildung. Es bleibt zu zeigen, daß das gegebene Monoid H isomorph zu M ist. Die Abbildung

$$\varphi : H \to M \text{ mit } \varphi(h) = \mu_{x_h}$$

ist bijektiv, denn die Surjektivität ist offensichtlich, und die Injektivität ergibt sich daher, daß, wenn $h_1 \neq h_2$, dann für das Einselement $e \in H$

$$\mu_{x_{h_1}}(e) = \delta(e, x_{h_1}) = eh_1 = h_1,$$
$$\mu_{x_{h_2}}(e) = \delta(e, x_{h_2}) = eh_2 = h_2,$$

also $\mu_{x_{h_1}} \neq \mu_{x_{h_2}}$ ist. Schließlich ist für $h_1, h_2, h' \in H$:

$$\begin{aligned}\varphi(h_1) \circ \varphi(h_2) &= \mu_{x_{h_1}} \circ \mu_{x_{h_2}} \\ &= \mu_{x_{h_1} x_{h_2}} = \mu_{x_{h_1 h_2}} \\ &= \varphi(h_1 h_2),\end{aligned}$$

denn

$$\begin{aligned}\mu_{x_{h_1} x_{h_2}}(h') &= \delta(h', x_{h_1} x_{h_2}) = \delta[\delta(h', x_{h_1}), x_{h_2}] \\ &= \delta(h' h_1, x_{h_2}) = (h' h_1) h_2 \\ &= h'(h_1 h_2) = \delta(h', x_{h_1 h_2}) \\ &= \mu_{x_{h_1 h_2}}(h').\end{aligned}$$

Also ist φ ein Isomorphismus, und damit ist das Theorem bewiesen.

3.3. *Homomorphismen und Quotienten-Halbautomaten*

Definition 3.3–1: Es seien $A = (S, X, \delta)$ und $A^* = (S^*, X^*, \delta^*)$ zwei Halbautomaten. A^* ist ein *homomorphes Bild* von A, wenn es zwei surjektive Abbildungen

$$\varphi : S \to S^*,$$
$$\psi : X \to X^*$$

gibt derart, daß

$$\varphi[\delta(s, x)] = \delta^*[\varphi(s), \psi(x)]$$

für alle $s \in S$ und $x \in X$. Wenn φ und ψ bijektive Abbildungen sind, heißt A^* ein *isomorphes Bild* von A.

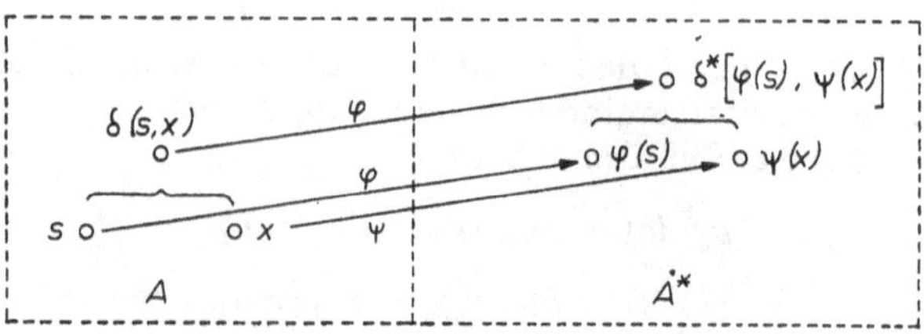

Jede Abbildung induziert eine Äquivalenzrelation in ihrem Argumentbereich. So auch die Abbildung φ.

Definition 3.3—2: Der Halbautomat $A^* = (S^*, X^*, \delta^*)$ sei ein homomorphes Bild des Halbautomaten $A = (S, X, \delta)$. Dann induziert die Abbildung

$$\varphi : S \to S^*$$

in S eine Äquivalenzrelation, die durch $\varphi^{-1}\varphi$ bezeichnet sei und bestimmt ist durch

$$(s_1, s_2) \in \varphi^{-1}\varphi \Leftrightarrow \varphi(s_1) = \varphi(s_2)$$

für $s_1, s_2 \in S$.

Folgerung: Wenn $(s_1, s_2) \in \varphi^{-1}\varphi$, dann ist für alle $x \in X$

$$\delta^*[\varphi(s_1), \psi(x)] = \delta^*[\varphi(s_2), \psi(x)],$$

also

$$\varphi[\delta(s_1, x)] = \varphi[\delta(s_2, x)]$$

und damit

$$\big(\delta(s_1, x), \ \delta(s_2, x)\big) \in \varphi^{-1}\varphi.$$

Aus dieser Folgerung ergibt sich, daß man in eindeutiger Weise einen Quotienten-Halbautomaten definieren kann, dessen Zustände die Äquivalenzklassen von S bezüglich $\varphi^{-1}\varphi$ sind.

Definition 3.3—3: Der Halbautomat $A^* = (S^*, X^*, \delta^*)$ sei ein homomorphes Bild des Halbautomaten $A = (S, X, \delta)$. Dann heißt

$$A/\varphi^{-1}\varphi = (S/\varphi^{-1}\varphi, X, \delta_{\varphi^{-1}\varphi})$$

mit

$$\delta_{\varphi^{-1}\varphi}([s], x) = [\delta(s, x)]$$

der *Quotienten-Halbautomat* von A bezüglich φ.

Folgerungen:

(a) Der Quotienten-Halbautomat $A/\varphi^{-1}\varphi = (S/\varphi^{-1}\varphi, X, \delta_{\varphi^{-1}\varphi})$ ist ein homomorphes Bild des Halbautomaten

$A = (S, X, \delta)$, denn es sei

$$\varphi' : S \to S/\varphi^{-1}\varphi \quad \text{mit} \quad \varphi'(s) = [s] \quad \text{(Surjektion)},$$
$$\psi' : X \to X \quad \text{mit} \quad \psi'(x) = x \quad \text{(Bijektion)},$$

dann ist

$$\varphi'\big(\delta(s, x)\big) = [\delta(s, x)] = \delta_{\varphi^{-1}\varphi}([s], x)$$
$$= \delta_{\varphi^{-1}\varphi}\big(\varphi'(s), \psi'(x)\big).$$

(b) Der Halbautomat $A^* = (S^*, X^*, \delta^*)$ ist ein homomorphes Bild des Quotienten-Halbautomaten $A/\varphi^{-1}\varphi = (S/\varphi^{-1}\varphi, X, \delta_{\varphi^{-1}\varphi})$, denn es sei

$$\varphi'' : S/\varphi^{-1}\varphi \to S^* \quad \text{mit} \quad \varphi''([s]) = \varphi(s) \quad \text{(Bijektion)},$$
$$\psi'' : X \to X^* \quad \text{mit} \quad \psi''(x) = \psi(x) \quad \text{(Surjektion)}.$$

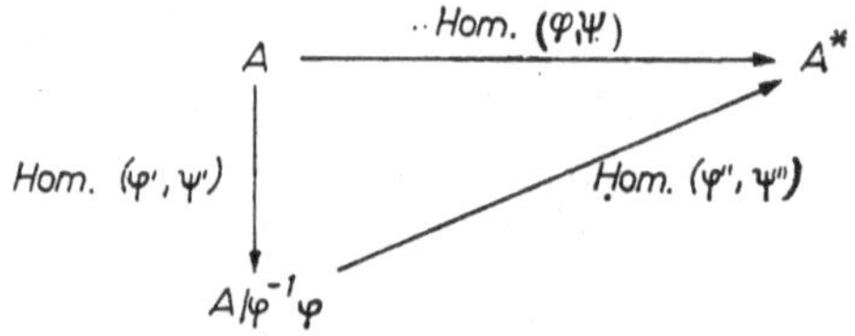

Aus dem Theorem 3.2—1 folgt, daß es mindestens ebenso viele Halbautomaten wie endliche Monoide gibt. Es lassen sich nun nichtisomorphe Halbautomaten angeben, die isomorphe Halbgruppen besitzen.

Beispiel: Die Halbautomaten $A = (S, X, \delta)$ und $A = (S^*, X^*, \delta^*)$ seien durch folgende Tafeln gegeben:

$S \backslash X$	x
s_1	s_1
s_2	s_1
s_3	s_1

$S^* \backslash X^*$	x^*
s_1^*	s_1^*
s_2^*	s_1^*

Graphendarstellung:

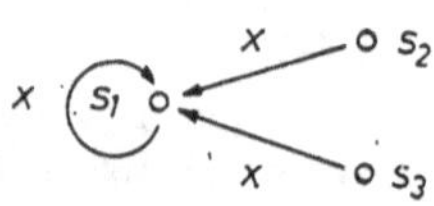

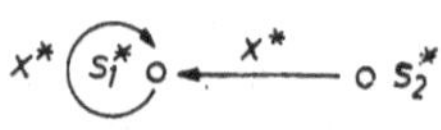

A^* ist ein homomorphes Bild von A mit

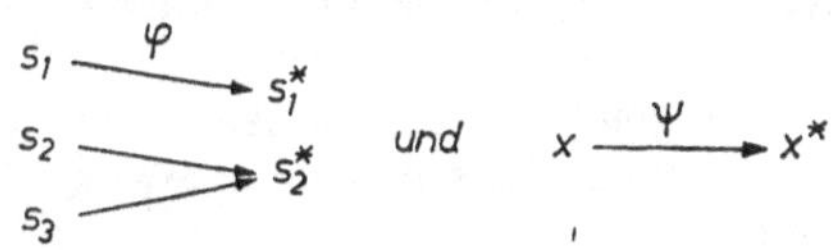

Aber die Halbgruppen M und M^* sind nicht nur homomorph, sondern sogar isomorph:,

M	μ_Λ	μ_x
μ_Λ	μ_Λ	μ_x
μ_x	μ_x	μ_x

M^*	μ_{Λ^*}	μ_{x^*}
μ_{Λ^*}	μ_{Λ^*}	μ_{x^*}
μ_{x^*}	μ_{x^*}	μ_{x^*}

Theorem 3.3—1: *Wenn der Halbautomat $A^* = (S^*, X^*, \delta^*)$ ein homomorphes Bild des Halbautomaten $A = (S, X, \delta)$ ist, so ist die Halbgruppe M^* von A^* ein homomorphes Bild der Halbgruppe M von A.*

Beweis: Man nehme die Abbildung

$$\Theta : M \to M^* \text{ mit } \Theta(\mu_x) = \mu_{\psi(x)}.$$

(1) Die Abbildung Θ ist wohldefiniert, denn da F_X die *freie* Halbgruppe auf X ist, kann die Abbildung ψ *eindeutig* zu einem Homomorphismus von F_X in F_{X^*} durch

$$\psi(\bar{x}) = \psi(x_1 x_2 \cdots x_n) = \psi(x_1)\psi(x_2) \cdots \psi(x_n)$$

gemacht werden.

(2) Die Abbildung Θ ist surjektiv, da jede Abbildung aus M^* ein Produkt von Abbildungen $\mu_{x_i^*}$ mit $x_i^* \in X^*$ und damit Bild einer Abbildung aus M ist.

(3) Es gilt

$$\begin{aligned} \Theta(\mu_{\bar{x}_1} \circ \mu_{\bar{x}_2}) &= \Theta(\mu_{\bar{x}_1 \bar{x}_2}) = \mu_{\psi(\bar{x}_1 \bar{x}_2)} \\ &= \mu_{\psi(\bar{x}_1)\psi(\bar{x}_2)} = \mu_{\psi(\bar{x}_1)} \circ \mu_{\psi(\bar{x}_2)} \\ &= \Theta(\mu_{\bar{x}_1}) \circ \Theta(\mu_{\bar{x}_2}). \end{aligned}$$

Also ist Θ ein Homomorphismus vom M auf M^*.

3.4. *Überdeckungen und der Satz von Krohn-Rhodes*

Die beiden folgenden Definitionen dienen dazu, einen präzisen Begriff zur Leistungsfähigkeit von Halbautomaten zu schaffen.

Definition 3.4—1: Ein Teilhalbautomat eines Halbautomaten $A = (S, X, \delta)$ ist ein Halbautomat $A' = (S', X, \delta')$ mit

$$S' \subseteq S$$

und

$$\delta' = \delta \mid S' \times X$$

(das heißt, δ eingeschränkt auf $S' \times X$).

Definition 3.4—2: Der Halbautomat $A = (S, X, \delta)$ überdeckt den Halbautomaten $A^* = (S^*, X, \delta^*)$ (A und A^* haben also dieselbe Menge X von Eingangselementen), wenn A^* ein homomorphes Bild eines Teilhalbautomaten A' von A ist.

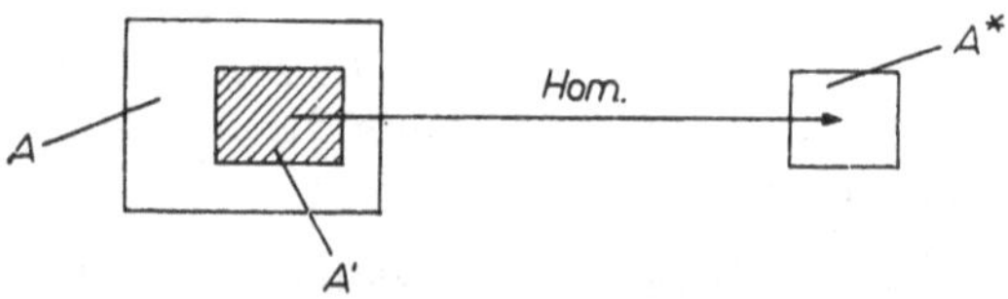

Das bedeutet also, der Halbautomat A „tut mindestens dasselbe" wie der Halbautomat A^*. Der Homomorphismus ist

$$\varphi : S' \to S^* \quad \text{(Surjektion)},$$

$$\psi : X \to X \quad \text{mit} \quad \psi(x) = x \quad \text{(Identitätsabbildung)}$$

und

$$\varphi[\delta'(s, x)] = \delta^*[\varphi(s), x].$$

Theorem 3.4—1: *Es sei A' ein Teilhalbautomat des Halbautomaten A. Dann ist die Halbgruppe von A' ein homomorphes Bild der Halbgruppe von A.*

Beweis: Die Halbgruppen von $A = (S, X, \delta)$ und $A' = (S', X, \delta')$ seien

$$M = \{\mu_{\bar{x}} \mid \bar{x} \in F_X\}$$

und

$$M' = \{\mu'_{\bar{x}} \mid \bar{x} \in F_X\}$$

mit der Verknüpfung „$\circ$" und

$$\mu_{\bar{x}}(s) = \delta(s, \bar{x}),$$

$$\mu'_{\bar{x}}(s) = \delta'(s, \bar{x}).$$

Die Abbildung

$$\varphi : M \to M' \text{ mit } \varphi(\mu_{\bar{x}}) = \mu'_{\bar{x}}$$

ist ein Homomorphismus, denn

$$\varphi(\mu_{\bar{x}_1} \circ \mu_{\bar{x}_2}) = \varphi(\mu_{\bar{x}_1\bar{x}_2}) = \mu'_{\bar{x}_1\bar{x}_2} = \mu'_{\bar{x}_1} \circ \mu'_{\bar{x}_2}$$
$$= \varphi(\mu_{\bar{x}_1}) \circ \varphi(\mu_{\bar{x}_2}).$$

φ braucht hierbei keine Injektion zu sein, denn, da $S' \subseteq S$, können $\mu_{\bar{x}_1}$ und $\mu_{\bar{x}_2}$ auf S' gleich, auf S aber verschieden sein.

Theorem 3.4—2: *Wenn der Halbautomat A den Halbautomaten A^* überdeckt, so ist die Halbgruppe des Halbautomaten A^* ein homomorphes Bild einer Teilhalbgruppe der Halbgruppe des Halbautomaten A.*

Beweis: Folgt aus Theorem 3.4—1

Definition 3.4—3: Gegeben seien zwei Halbautomaten

$$A_1 = (S_1, X_1, \delta_1) \text{ und } A_2 = (S_2, X_2, \delta_2).$$

(a) Die *Parallelschaltung* (oder das direkte Produkt) von A_1 und A_2 für $X_1 = X_2 = X$ ist der Halbautomat

$$A_1 \| A_2 = (S_1 \times S_2, X, \delta)$$

mit

$$\delta\big((s_1, s_2), x\big) = \big(\delta_1(s_1, x), \delta_2(s_2, x)\big)$$

für $s_1 \in S_1$, $s_2 \in S_2$ und $x \in X$.

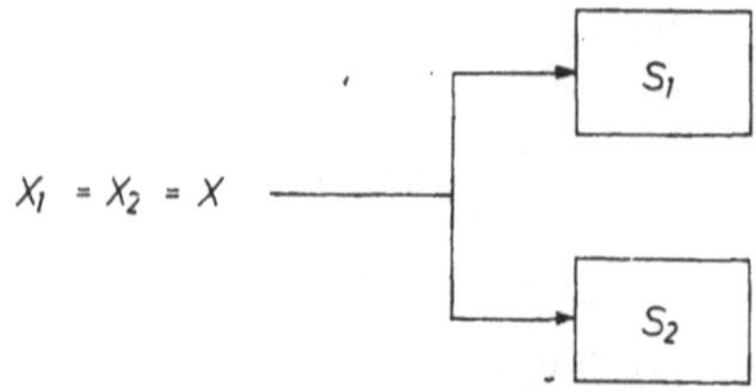

(b) Die *Reihenschaltung* von A_1 und A_2 für $S_1 \times X_1 = X_2$ ist der Halbautomat

$$A_1 \mathbin{+\!\!\!\!\!\!\;+} A_2 = (S_1 \times S_2, X_1, \delta)$$

mit

$$\delta\big((s_1, s_2), x_1\big) = \big(\delta_1(s_1, x_1), \delta_2(s_2, (s_1, x_1))\big)$$

für $s_1 \in S_1$, $s_2 \in S_2$ und $x_1 \in X_1$.

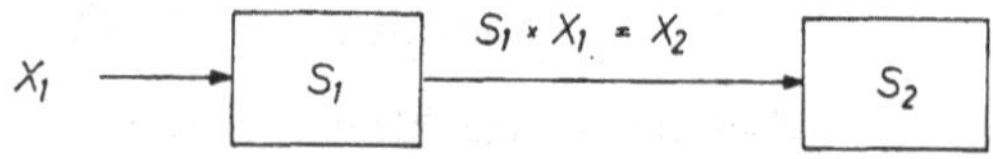

Theorem 3.4—3 (Krohn und Rhodes): *Jeder Halbautomat kann überdeckt werden von einer Reihen-Parallelschaltung von Halbautomaten, die zu zwei einfachen Arten gehören:*

(1) *Reset-Halbautomaten mit zwei Zuständen,*

(2) *Halbautomaten, deren Halbgruppen einfache Gruppen und homomorphe Bilder von Teilgruppen der Halbgruppe des gegebenen Halbautomaten sind.*

Erläuterungen:

Zu (1): Ein Reset-Halbautomat ist ein Halbautomat, bei dem jede Abbildung $\mu_x: S \to S$ mit $\mu_x(s) = \delta(s, x)$ und $x \in X$ die Menge S auf genau einen Zustand abbildet (jede Abbildung μ_x mit $x \in X$ ist eine konstante Abbildung). Die Halbgruppe eines Reset-Halbautomaten besteht also aus konstanten Abbildungen und der Identitätsabbildung.

Zu (2): Eine Gruppe G heißt einfach genau dann, wenn sie außer G und $\{e\}$ (e = Einselement) keine weiteren normalen Teilgruppen (Normalteiler) hat.

Für einen Beweis des Theorems siehe [14], [21] und [23] mit der Korrektur in [24].

3.5. *Vollständige sequentielle Automaten (Transduktoren)*

Definition 3.5–1: Ein vollständiger sequentieller Automat (auch MEALY-Automat genannt) ist ein Quintupel

$$A = (S, X, Y, \delta, \lambda),$$

wobei

(1) S eine nichtleere endliche Menge von Zustandsgrößen,

(2) X eine nichtleere endliche Menge von Eingangsgrößen,

(3) Y eine nichtleere endliche Menge von Ausgangsgrößen,

(4) $\delta: S \times X \to S$ eine Zustandsfunktion (auch Überführungsfunktion genannt),

(5) $\lambda: S \times X \to Y$ eine Ausgangsfunktion (auch Ergebnisfunktion genannt) ist.

Der Automat A ist

(a) endlich, da die Menge der Zustände endlich ist;

(b) vollständig, da zu jedem Zustand $s \in S$ und jeder Eingangsgröße $x \in X$ der nächste Zustand $\delta(s, x)$ und die Ausgangsgröße $\lambda(s, x)$ existieren;

(c) sequentiell, da die Eingangsgrößen diskret, nicht stetig, auf die Zustandsmenge einwirken;

(d) deterministisch, da der Zustand $\delta(s, x)$ und die Ausgangsgröße $\lambda(s, x)$ durch s und x bereits völlig bestimmt sind;

(e) stationär, da die Funktionen δ und λ konstant beibehalten werden.

Um das Verhalten des Automaten A bei einer Folge von Eingangsgrößen untersuchen zu können, werden die Funktionen δ und λ erweitert durch die folgende Definition.

Definition 3.5–2: Es sei F_X die freie Halbgruppe mit Einselement (leere Folge Λ) auf X und F_Y die freie Halbgruppe mit Einselement (leere Folge Λ) auf Y. Ferner sei $s \in S$, $x \in X$ und $y \in Y$.

(a) Die Zustandsfunktion $\delta : S \times X \to S$ wird erweitert zu $\delta : S \times F_X \to S$ durch

$$\delta(s, \Lambda) = s,$$

$$\delta(s, x_1, x_2, \ldots, x_n) = \delta[\delta(s, x_1, x_2, \ldots, x_{n-1}), x_n].$$

(b) Die Ausgangsfunktion $\lambda : S \times X \to Y$ wird erweitert zu $\lambda : S \times F_X \to F_Y$ durch

$$\lambda(s, \Lambda) = \Lambda,$$

$$\lambda(s, x_1, x_2, \ldots, x_n) = \lambda(s, x_1)\, \lambda[\delta(s, x_1), x_2, \ldots, x_n].$$

Es ist also

$$\delta(s, x_1, x_2) = \delta[\delta(s, x_1), x_2] = \delta(s_2, x_2)$$

und allgemein

$$\delta(s, x_1, x_2, \ldots, x_n) = \delta(s_n, x_n)$$

mit $s = s_1$ und $s_{i+1} = \delta(s_i, x_i)$ für $i = 1, 2, \ldots, n-1$.

Ferner ist

$$\lambda(s, x_1, x_2) = \lambda(s, x_1)\, \lambda[\delta(s, x_1), x_2]$$
$$= \lambda(s, x_1)\, \lambda(s_2, x_2)$$

und allgemein

$$\lambda(s, x_1, x_2, \ldots, x_n) = \lambda(s, x_1)\, \lambda(s_2, x_2) \cdots \lambda(s_n, x_n).$$

Bemerkung 1: Oftmals wird bei einer Folge von Eingangsgrößen nur nach der letzten Ausgangsgröße gefragt; die Ausgangsfunktion wird dann erweitert zu $\lambda: S \times F_X \rightarrow Y$ durch

$$\lambda(s, \Lambda) = \Lambda,$$

$$\lambda(s, x_1, x_2, \ldots, x_n) = \lambda[\delta(s, x_1, x_2, \ldots, x_{n-1}), x_n].$$

Hierbei ist also

$$\lambda(s, x_1, x_2) = \lambda[\delta(s, x_1), x_2] = \lambda(s_2, x_2)$$

und allgemein

$$\lambda(s, x_1, x_2, \ldots, x_n) = \lambda(s_n, x_n).$$

Bemerkung 2: Manchmal wird die Funktion $\delta: S \times X \rightarrow S$ auch zu $\delta: S \times F_X \rightarrow F_S$ erweitert (F_S = freie Halbgruppe auf S) durch

$$\delta(s, \Lambda) = s,$$

$$\delta(s, x_1, x_2, \ldots, x_n) = \delta(s, x_1)\, \delta[\delta(s, x_1), x_2, \ldots, x_n].$$

Es ist also

$$\delta(s, x_1, x_2) = \delta(s, x_1)\, \delta[\delta(s, x_1), x_2]$$

$$= \delta(s, x_1)\, \delta(s_2, x_2)$$

und allgemein

$$(s, x_1, x_2, \ldots, x_n) = \delta(s, x_1)\, \delta(s_2, x_2) \cdots \delta(s_n, x_n).$$

Hinweis: In dem Folgenden werden nur die in der Definition 3.5—2 gegebenen Erweiterungen $\delta: S \times F_X \rightarrow S$ und $\lambda: S \times F_X \rightarrow F_Y$ verwendet.

Die Funktionen δ und λ können durch eine Verknüpfungstafel dargestellt werden:

δ, λ	x_1		$\cdots$	x_k	
s_1	$\delta(s_1, x_1)$	$\lambda(s_1, x_1)$	$\cdots$	$\delta(s_1, x_k)$	$\lambda(s_1, x_k)$
s_2	$\delta(s_2, x_1)$	$\lambda(s_2, x_1)$		$\delta(s_2, x_k)$	$\lambda(s_2, x_k)$
.	.	.		.	.
.	.	.		.	.
.	.	.		.	.
s_m	$\delta(s_m, x_1)$	$\lambda(s_m, x_1)$		$\delta(s_m, x_k)$	$\lambda(s_m, x_k)$

Beispiel: Binäre Addiermaschine.

Der Maschine werden gleichzeitig zwei Zahlen in binärer Form nach wachsender Stellenzahl eingegeben; der Ausgang der Maschine liefert die Summe in binärer Form, die Ziffern ebenfalls nach wachsender Stellenzahl geordnet.

δ, λ	00		01		10		11	
$s_1 \triangleq$ ohne Übertrag	s_1	0	s_1	1	s_1	1	s_2	0
$s_2 \triangleq$ mit Übertrag	s_1	1	s_2	0	s_2	0	s_2	1

Die Maschine soll zum Beispiel 14 und 11 addieren:

$14 = 0 \cdot 2^0 + 1 \cdot 2^1 + 1 \cdot 2^2 + 1 \cdot 2^3 \triangleq 1110$

in Binärform

$11 = 1 \cdot 2^0 + 1 \cdot 2^1 + 0 \cdot 2^2 + 1 \cdot 2^3 \triangleq 1011$

in Binärform

Eingangsfolge:	01	11	10	11	00	00
Anfangszustand:	s_1					
Zustandsfolge:		s_1	s_2	s_2	s_2	s_1
Ausgangsfolge:		1	0	0	1	1

$\triangleq$ 11001 in Binärform

$\triangleq$ 25 in Dezimalform

3.6. *Graphendarstellung von Automaten*

Automaten können durch bewertete, gerichtete Graphen dargestellt werden.

Gegeben sei der Automat $A = (S, X, Y, \delta, \lambda)$. Der dem Automaten A zugeordnete gerichtete Graph sei $G = (S, \gamma)$ mit

$$\gamma(s) = \{\delta(s, x) \mid x \in X\}$$

für alle $s \in S$. Die Kantenmenge ist dann

$$K = \{(s, \delta(s, x)) \mid s \in S, x \in X\}.$$

Bewertung $\beta: K \to P(X \times Y)$ mit
$\beta(s, \delta(s, x)) = \{(x^*, \lambda(s, x^*)) \mid$ alle $x^* \in X$ mit $\delta(s, x^*) = \delta(s, x)\}$.

Beispiel: Automat $A = (S, X, Y, \delta, \lambda)$ mit $S = \{s_1, s_2\}$, $X = \{x_1, x_2\}$, $Y = \{y_1, y_1\}$.

δ, λ	x_1		x_2	
s_1	s_2	y_1	s_2	y_1
s_2	s_2	y_2	s_1	y_2

Zugeordneter bewerteter, gerichteter Graph $G = (S, \gamma)$ mit

$\gamma(s_1) = \{\delta(s_1, x_1), \delta(s_1, x_2)\} = \{s_2\}$,

$\gamma(s_2) = \{\delta(s_2, x_1), \delta(s_2, x_2)\} = \{s_2, s_1\}$,

$K = \{(s_1, s_2), (s_2, s_1), (s_2, s_2)\}$,

$\beta(s_1, s_2) = \{(x_1, \lambda(s_1, x_1)), (x_2, \lambda(s_1, x_2))\} = \{(x_1, y_1), (x_2, y_1)\}$,

$\beta(s_2, s_1) = \{(x_2, \lambda(s_2, x_2))\} = \{(x_2, y_2)\}$, .

$\beta(s_2, s_2) = \{(x_1, \lambda(s_2, x_1))\} = \{(x_1, y_2)\}$.

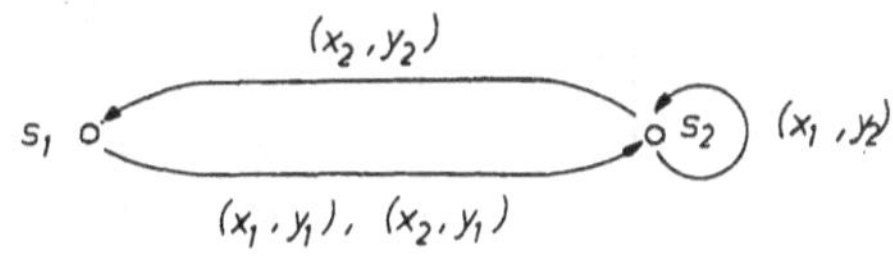

3.7. *Verknüpfungen von Automaten*

Im folgenden werden die Möglichkeiten untersucht, mit gegebenen Automaten zusammengesetzte Automaten zu bauen.

Definition 3.7–1: Gegeben seien zwei vollständige sequentielle Automaten

$$A_1 = (S_1, X, Y, \delta_1, \lambda_1)$$

und

$$A_2 = (S_2, X, Y, \delta_2, \lambda_2)$$

mit gleichen Eingangsmengen X, gleichen Ausgangsmengen Y und disjunkten Zustandsmengen, also $S_1 \cap S_2 = \emptyset$. Dann ist die *direkte Summe* von A_1 und A_2 der Automat

$$A = (S_1 \cup S_2, X, Y, \delta, \lambda)$$

mit

$$\delta(s_i, x) = \delta_i(s_i, x)$$

und

$$\lambda(s_i, x) = \lambda_i(s_i, x)$$

für $x \in X,\quad s_i \in S_i$ und $i = 1, 2.$

Beispiel:

A_1:

δ_1, λ_1	x_1		x_2	
s_1'	s_1'	0	s_1''	1
s_1''	s_1'	1	s_1''	0

A_2:

δ_2, λ_2	x_1		x_2	
s_2'	s_2''	1	s_2''	0
s_2''	s_2'	1	s_2'	0

	δ, λ	x_1		x_2	
	s_1'	s_1'	0	s_1''	1
A:	s_1''	s_1'	1	s_1''	0
	.....	.....		.....	
	s_2'	s_2''	1	s_2''	0
	s_2''	s_2'	1	s_2'	0

Die direkte Summe zweier Automaten wird später im Test für die Äquivalenz zweier Automaten benutzt werden.

Definition 3.7—2: Gegeben seien zwei Automaten

$$A_1 = (S_1, X_1, Y_1, \delta_1, \lambda_1)$$

und

$$A_2 = (S_2, X_2, Y_2, \delta_2, \lambda_2).$$

Das *direkte Produkt* von A_1 und A_2 ist der Automat

$$A = (S_1 \times S_2, X_1 \times X_2, Y_1 \times Y_2, \delta, \lambda)$$

mit

$$\delta[(s_1, s_2), (x_1, x_2)] = (\delta_1(s_1, x_1), \delta_2(s_2, x_2))$$

und

$$\lambda[(s_1, s_2), (x_1, x_2)] = (\lambda_1(s_1, x_1), \lambda_2(s_2, x_2))$$

für $s_i \in S_i$ und $x_i \in X_i$ mit $i = 1, 2$.

Das direkte Produkt kann zur Beschreibung der *Parallelschaltung* zweier Automaten dienen:

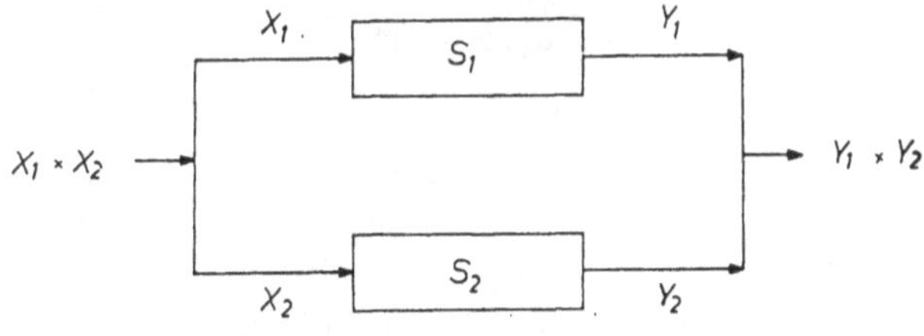

Definition 3.7—3: Gegeben seien zwei Automaten

$$A_1 = (S_1, X_1, Y_1, \delta_1, \lambda_1)$$

und

$$A_2 = (S_2, X_2, Y_2, \delta_2, \lambda_2)$$

mit $Y_1 = X_2$.

Die *Serienschaltung* von A_1 und A_2 ist der Automat

$$A = (S_1 \times S_2, X_1, Y_2, \delta, \lambda)$$

mit

$$\delta[(s_1, s_2), x_1] = (\delta_1(s_1, x_1), \delta_2[s_2, \lambda_1(s_1, x_1)])$$

und

$$\lambda[(s_1, s_2), x_1] = \lambda_2[s_2, \lambda_1(s_1, x_1)]$$

für $s_1 \in S_1$, $s_2 \in S_2$ und $x_1 \in X_1$.

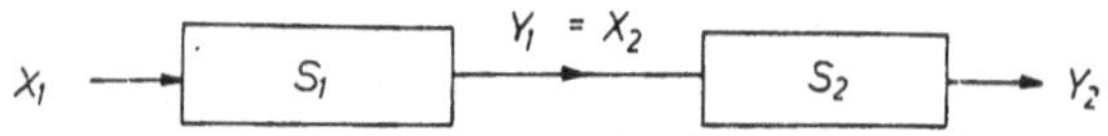

3.8. *Homomorphe und isomorphe Automaten*

Definition 3.8–1: Es seien

$$A = (S, X, Y, \delta, \lambda)$$

und

$$A^* = (S^*, X^*, Y^*, \delta^*, \lambda^*)$$

zwei vollständige sequentielle Automaten. A^* ist ein *homomorphes Bild* von A, wenn es drei surjektive Abbildungen

$$\varphi_1 : S \to S^*,$$

$$\varphi_2 : X \to X^*,$$

$$\varphi_3 : Y \to Y^*$$

gibt derart, daß

$$\varphi_1[\delta(s, x)] = \delta^*[\varphi_1(s), \varphi_2(x)]$$

und

$$\varphi_3[\lambda(s, x)] = \lambda^*[\varphi_1(s), \varphi_2(x)]$$

für alle $s \in S$ und $x \in X$ gilt. Das Tripel $(\varphi_1, \varphi_2, \varphi_3)$ heißt ein *Homomorphismus* von A auf A^*.

A^* heißt *isomorph* zu A und $(\varphi_1, \varphi_2, \varphi_3)$ ein *Isomorphismus* zwischen A und A^*, wenn φ_1, φ_2 und φ_3 bijektive Abbildungen sind.

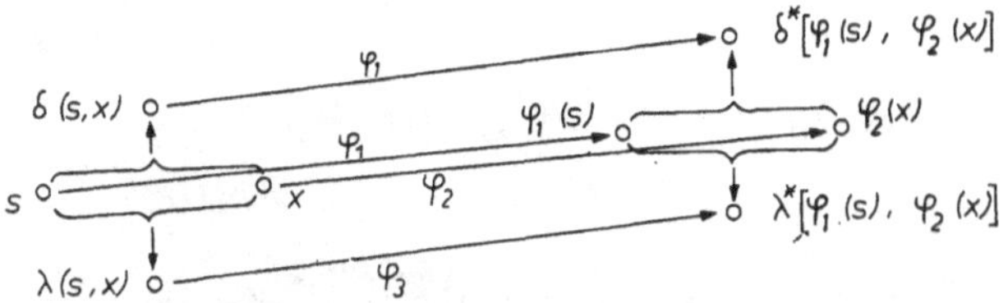

3.9. *Äquivalente Automaten*

Der Grundgedanke der Automatenäquivalenz ist, zwei Automaten dann als äquivalent zu bezeichnen, wenn sie „dasselbe“ tun, d. h., wenn dieselben Eingangsgrößen bei beiden Automaten dieselben Ausgangsgrößen ergeben.

Definition 3.9—1: Es seien

$$A = (S, X, Y, \delta, \lambda)$$

und

$$A^* = (S^*, X, Y, \delta^*, \lambda^*)$$

zwei vollständige sequentielle Automaten mit denselben Eingangs- und Ausgangsgrößen. Ein Zustand $s \in S$ heißt *äquivalent* einem Zustand $s^* \in S^*$, geschrieben $s \cong s^*$, wenn

$$\lambda(s, x_1, x_2, \ldots, x_n) = \lambda^*(s^*, x_1, x_2, \ldots, x_n)$$

für alle Folgen $(x_1, x_2, \ldots, x_n) \in F_X$.

Diese Definition ist natürlich auch dann anwendbar, wenn $S = S^*$. Es folgt, daß

(1) $s \cong s$ (Reflexivität),
(2) wenn $s \cong s^*$, dann $s^* \cong s$ (Symmetrie),
(3) wenn $s \cong s^*$ und $s^* \cong s^{**}$, dann $s \cong s^{**}$ (Transitivität).

Theorem 3.9—1: *Äquivalente Zustände gehen bei jeder Eingangsgröße wieder in äquivalente Zustände über.*

Beweis: Es sei $s \cong s^*$. Für jede Folge aus F_X ist also

$$\lambda(s, x_1, x_2, \ldots, x_n) = \lambda^*(s^*, x_1, x_2, \ldots, x_n).$$

Nun ist

$$\lambda(s, x_1, x_2, \ldots, x_n) = \lambda(s, x_1)\,\lambda[\delta(s, x_1), x_2, \ldots, x_n]$$

und

$$\lambda^*(s^*, x_1, x_2, \ldots, x_n) = \lambda^*(s^*, x_1)\,\lambda^*[\delta^*(s^*, x_1), x_2, \ldots, x_n].$$

Da $s \cong s^*$, ist $\lambda(s, x_1) = \lambda^*(s^*, x_1)$. Also ist, da F_Y beidseitig kürzbar ist (Definition 2.1—3),

$$\lambda[\delta(s, x_1), x_2, \ldots, x_n] = \lambda^*[\delta^*(s^*, x_1), x_2, \ldots, x_n],$$

das heißt,

$$\delta(s, x_1) \cong \delta^*(s^*, x_1).$$

Theorem 3.9—2: *Es seien*

$$A = (S, X, Y, \delta, \lambda) \text{ und } A^* = (S^*, X, Y, \delta^*, \lambda^*)$$

zwei vollständige sequentielle Automaten mit denselben Eingangs- und Ausgangsgrößen. Wenn für $s \in S$ *und* $s^* \in S^*$ *gilt, daß*

$$\lambda(s, x_i) = \lambda^*(s^*, x_i)$$

und

$$\lambda[\delta(s, x_i), x_j] = \lambda^*[\delta^*(s^*, x_i), x_j]$$

für alle $x_i, x_j \in X$, *dann ist*

$$s \cong s^*.$$

Beweis: Durch vollständige Induktion. Angenommen, es gilt für alle Folgen $(x_1, x_2, \ldots, x_k)$ der Länge k aus F_X, daß

$$\lambda[\delta(s, x_i), x_1, x_2, \ldots, x_k] = \lambda^*[\delta^*(s^*, x_i), x_1, x_2, \ldots, x_k].$$

Nach Voraussetzung gilt dieses ebenfalls für $k = 1$. Also ist

$$\lambda(s, \underbrace{x_i, x_1, x_2, \ldots, x_k}_{\text{Länge } k+1}) = \lambda(s, x_i)\, \lambda[\delta(s, x_i), x_1, x_2, \ldots, x_k]$$

$$= \lambda^*(s^*, x_i)\, \lambda^*[\delta^*(s^*, x_i), x_1, x_2, \ldots, x_k]$$

$$= \lambda^*(s^*, \underbrace{x_i, x_1, x_2, \ldots, x_k}_{\text{Länge } k+1})$$

Mit der Definition 3.9—1 folgt also, daß $s \cong s^*$.

Definition 3.9—2: Zwei vollständige sequentielle Automaten

$$A = (S, X, Y, \delta, \lambda) \quad \text{und} \quad A^* = (S^*, X, Y, \delta^*, \lambda^*)$$

mit denselben Eingangs- und Ausgangsgrößen heißen *äquivalent*, geschrieben $A \cong A^*$, wenn es zu jedem Zustand $s \in S$ einen äquivalenten Zustand $s^* \in S^*$ und zu jedem Zustand $s^* \in S^*$ einen äquivalenten Zustand $s \in S$ gibt.

Daraus folgt, daß

(1) $A \cong A$ (Reflexivität),
(2) wenn $A \cong A^*$, dann $A^* \cong A$ (Symmetrie),
(3) wenn $A \cong A^*$ und $A^* \cong A^{**}$, dann $A \cong A^{**}$ (Transitivität).

3.10. *k-Äquivalenz*

Da es unendlich viele Folgen

$$(x_1, x_2, \ldots, x_n) \in F_X$$

gibt, ist es notwendig, ein Verfahren zu finden, das gestattet, in endlich vielen Schritten zu entscheiden, ob zwei Zustände äquivalent sind oder nicht. Im folgenden wird solch ein Verfahren entwickelt.

Definition 3.10—1: Zwei Zustände s und s^* eines vollständigen sequentiellen Automaten heißen *k-äquivalent*, geschrieben

$$s \overset{k}{=} s^*,$$

wenn

$$\lambda(s, x_1, x_2, \ldots, x_k) = \lambda(s^*, x_1, x_2, \ldots, x_k)$$

für alle Folgen $(x_1, x_2, \ldots, x_k) \in F_X$ der Länge $k > 0$.

Folgerung: Wegen

$$\begin{aligned}\lambda(s, x_1, x_2, \ldots, x_n) &= \lambda(s, x_1)\,\lambda[\delta(s, x_1), x_2, \ldots, x_n]\\ &= \lambda(s, x_1)\,\lambda(s_2, x_2) \cdots \lambda(s_n, x_n)\end{aligned}$$

mit $s = s_1$ und $s_{i+1} = \delta(s_i, x_i)$ für $i = 1, 2, \ldots, n-1$ folgt, daß $s \overset{k}{=} s^*$ genau dann, wenn

$$\lambda(s, x_1, x_2, \ldots, x_n) = \lambda(s^*, x_1, x_2, \ldots, x_n)$$

für alle Folgen $(x_1, x_2, \ldots, x_n) \in F_X$ der Länge $n \leqq k$ gilt.

Die k-Äquivalenz ist reflexiv, symmetrisch und transitiv; es sei S/k die Quotientenmenge der Zustandsmenge S bezüglich der k-Äquivalenz, d. h. die Menge der von k erzeugten Äquivalenzklassen.

Theorem 3.10—1: *Zwei Zustände sind $(k+1)$-äquivalent genau dann, wenn sie k-äquivalent sind und bei jeder Eingangsgröße aus X wieder in k-äquivalente Zustände übergehen:* $s \overset{k+1}{=} s^*$ *genau dann, wenn* $s \overset{k}{=} s^*$ *und*

$$\delta(s, x) \overset{k}{=} \delta(s^*, x) \text{ für alle } x \in X.$$

Beweis:

(a) Es sei $s \overset{k}{=} s^*$ und $\delta(s, x) \overset{k}{=} \delta(s^*, x)$ für alle $x \in X$. Für jede Folge $(x_1, x_2, \ldots, x_{k+1})$ der Länge $k+1$ aus F_X gilt also

$$\delta(s, x_1) \overset{k}{=} \delta(s^*, x_1).$$

Nun ist

$$\lambda(s, x_1, x_2, \ldots, x_{k+1}) = \lambda(s, x_1)\,\lambda[\delta(s, x_1), x_2, \ldots, x_{k+1}]$$

und

$$\lambda(s^*, x_1, x_2, \ldots, x_{k+1}) = \lambda(s^*, x_1)\,\lambda[\delta(s^*, x_1), x_2, \ldots, x_{k+1}].$$

Da

$$\lambda(s, x_1) = \lambda(s^*, x_1)$$

wegen $s \overset{k}{=} s^*$ und

$$\lambda[\delta(s, x_1), x_2, \ldots, x_{k+1}] = \lambda[\delta(s^*, x_1), x_2, \ldots, x_{k+1}]$$

wegen $\delta(s, x_1) \overset{k}{=} \delta(s^*, x_1)$, folgt, daß

$$\lambda(s, x_1, x_2, \ldots, x_{k+1}) = \lambda(s^*, x_1, x_2, \ldots, x_{k+1}),$$

das heißt,

$$s \overset{k+1}{=} s^*.$$

(b) Es sei $s \overset{k+1}{=} s^*$. Daraus folgt $s \overset{k}{=} s^*$. Für alle $x \in X$ und jede Folge $(x_1, x_2, \ldots, x_k)$ der Länge k aus F_X gilt

$$\lambda(s, x, x_1, x_2, \ldots, x_k) = \lambda(s^*, x, x_1, x_2, \ldots, x_k),$$

$$\lambda(s, x)\,\lambda[\delta(s, x), x_1, x_2, \ldots, x_k]$$
$$= \lambda(s^*, x)\,\lambda[\delta(s^*, x), x_1, x_2, \ldots, x_k],$$

$$\lambda(s, x) = \lambda(s^*, x) \quad \text{wegen} \quad s \overset{k+1}{=} s^*,$$

also $\lambda[\delta(s, x), x_1, x_2, \ldots, x_k]$

$$= \lambda[\delta(s^*, x), x_1, x_2, \ldots, x_k].$$

Das heißt, $\delta(s, x) \overset{k}{=} \delta(s^*, x)$.

Notation: Im folgenden bezeichnet $|S/k|$ die Kardinalzahl (Mächtigkeit) der Quotientenmenge S/k.

Theorem 3.10—2: *Wenn* $|S/k| = |S/k+1|$, *dann* $S/k = S/k+1$.

Beweis: Folgt aus Theorem 3.10—1, denn $S/k+1$ ist eine Verfeinerung von S/k.

Theorem 3.10—3: *Wenn* $S/k = S/k+1$, *dann* $S/k = S/j$ *für alle* $j \geqq k$.

Beweis: Durch vollständige Induktion. $S/k = S/k+n$ ist nach Voraussetzung richtig für $n = 1$. Angenommen, es gilt für $i \leqq n$ und $n \geqq 1$:

$$S/k = S/k + i.$$

Es seien $s, s^* \in S$ Zustände mit $s \overset{k+i}{=} s^*$. Dann folgt mit Theorem 3.10—1

$$s \overset{k+i-1}{=} s^* \quad \text{und} \quad \delta(s, x) \overset{k+i-1}{=} \delta(s^*, x)$$

für alle $x \in X$. Da aber $S/k+i-1 = S/k+i$, ist

$$\delta(s, x) \overset{k+i}{=} \delta(s^*, x).$$

Also nochmals mit Theorem 3.10—1:

$$s \overset{k+i+1}{=} s^*.$$

Das heißt,

$$S/k = S/k + i = S/k + i + 1.$$

Theorem 3.10—4: *Wenn* $|S/1| = 1$, *dann* $S/1 = S/j$ *für* $j \geqq 1$.

Beweis: Wenn $|S/1| = 1$, dann sind alle Zustände untereinander 1-äquivalent, das heißt, für $s, s^* \in S$ und alle $x \in X$ gilt

$$s \overset{1}{=} s^* \quad \text{und} \quad \delta(s, x) \overset{1}{=} \delta(s^*, x).$$

Daraus folgt mit Theorem 3.10—1, daß $s \overset{2}{=} s^*$, also

$$S/1 = S/2;$$

und mit Theorem 3.10—3 ergibt sich

$$S/1 = S/j \quad \text{für} \quad j \geqq 1 .$$

Theorem 3.10—5: *Es sei* $|S| = m$ *die Zahl der Zustandsgrößen. Wenn* $|S| \geqq 2$, *dann ist* $S/m - 1 = S/m$.

Beweis: Es ist stets $|S/j| \leqq |S|$ (jede Äquivalenzklasse enthält mindestens ein Element) und $|S/j| \leqq |S/j + 1|$ (Theorem 3.10—1).

(a) Wenn $|S/1| = 1$, dann ist $S/m - 1 = S/m$ (Theorem 3.10—4).

(b) Wenn $|S/1| > 1$, dann ist entweder $|S/m - 1| = |S|$, also $S/m - 1 = S/m$; oder es ist $|S/m - 1| < |S|$; in diesem Fall gibt es wegen $|S/1| \geqq 2$ und $|S/m - 1| \leqq |S| - 1 = m - 1$ eine Zahl $k \leqq |S| - 1$ derart, daß $|S/k| = |S/k + 1|$, also $S/k = S/k + 1$ (Theorem 3.10—2) und $S/m - 1 = S/m$ (Theorem 3.10—3).

Theorem 3.10—6: *Es sei* $S/k = S/k + 1$. *Dann gilt* $s \cong s^*$ *genau dann, wenn* $s \overset{k}{=} s^*$.

Beweis:

(a) Es sei $s \cong s^*$. Dann ist auch $s \overset{k}{=} s^*$.

(b) Es sei $s \overset{k}{=} s^*$. Mit Theorem 3.10—3 gilt nach Voraussetzung $S/k = S/j$ für $j \geqq k$. Also ist $s \overset{j}{=} s^*$ und

$$\lambda(s, x_1, x_2, \ldots, x_j) = \lambda(s^*, x_1, x_2, \ldots, x_j)$$

für alle Folgen $(x_1, x_2, \ldots, x_j) \in F_X$. Das heißt,

$$s \cong s^*.$$

Die folgenden beiden Theoreme geben die notwendige und hinreichende Länge eines Testes zur Bestimmung der Äquivalenz in Automaten an.

Theorem 3.10—7: *Es sei* $A = (S, X, Y, \delta, \lambda)$ *ein vollständiger sequentieller Automat mit* $|S| = m \geqq 2$ *Zustandsgrößen und* $s, s^* \in S$. *Dann gilt*

$$s \cong s^* \text{ genau dann, wenn } s \overset{m-1}{=} s^*.$$

Beweis: Mit Theorem 3.10—5 gilt $S/m - 1 = S/m$ und mit Theorem 3.10—6

$$s \cong s^* \text{ genau dann, wenn } s \overset{m-1}{=} s^*.$$

Die Zahl $m - 1$ kann im allgemeinen Falle nicht reduziert werden und stellt somit eine allgemeine untere Grenze für die Prüfung auf Äquivalenz dar. Um dies zu zeigen, genügt ein Gegenbeispiel:

Modulo-m-Zähler:

δ, λ	x	
s_1	s_2	0
s_2	s_3	0
.	.	.
	.	
	.	.
s_{m-1}	s_m	0
s_m	s_1	1

$$S = \{s_1, s_2, \ldots, s_m\}$$
$$X = \{x\}$$
$$Y = \{0, 1\}$$

Für $k \leqq m - 2$ gilt

$$\lambda(s_1, \underbrace{x, x, \ldots, x}_{k-\text{mal}}) = (\underbrace{0, 0, \ldots, 0}_{k-\text{mal}})$$
$$= \lambda(s_2, \underbrace{x, x, \ldots, x}_{k-\text{mal}}).$$

Aber

$$\lambda(s_1, \underbrace{x, x, \ldots, x}_{(m-1)-\text{mal}}) = (\underbrace{0,0, \ldots, 0}_{(m-1)-\text{mal}}),$$
$$\lambda(s_2, \underbrace{x, x, \ldots, x}_{(m-1)-\text{mal}}) = (\underbrace{0, 0, \ldots, 0}_{(m-2)-\text{mal}},1).$$

Somit sind s_1 und s_2 nicht äquivalent.

Theorem 3.10—8: *Es seien*

$$A_1 = (S_1, X, Y, \delta_1, \lambda_1)$$

und

$$A_2 = (S_2, X, Y, \delta_2, \lambda_2)$$

zwei vollständige sequentielle Automaten mit denselben Eingangs- und Ausgangsgrößen und mit $|S_1| = m_1$ *bzw.* $|S_2| = m_2$ *Zustandsgrößen. Es sei* $s_1 \in S_1$ *und* $s_2 \in S_2$; *dann ist*

$$s_1 \cong s_2 \text{ genau dann, wenn } s_1 \overset{m_1+m_2-1}{\equiv} s_2 .$$

Beweis: Es sei A die direkte Summe der beiden Automaten A_1 und A_2 (Definition 3.7—1), dargestellt durch Aneinanderfügung der (δ, λ)-Tafeln für A_1 und A_2 (die Mengen S_1 und S_2 können stets als disjunkt, $S_1 \cap S_2 = \emptyset$, angenommen werden):

δ, λ	X
S_1	δ_1, λ_1
S_2	δ_2, λ_2

Der neue Automat A hat $m_1 + m_2$ Zustandsgrößen. Also gilt mit Theorem 3.10—7 für $s_1 \in S_1$ und $s_2 \in S_2$, daß

$$s_1 \cong s_2 \text{ genau dann, wenn } s_1 \overset{m_1+m_2-1}{\equiv} s_2 .$$

Die Zahl $m_1 + m_2 - 1$ kann im allgemeinen Falle nicht reduziert werden und stellt somit eine allgemeine untere Grenze für die Prüfung auf Äquivalenz dar. Um dies zu zeigen, genügt ein Gegenbeispiel:

Man nehme die beiden Automaten

$$A_1 = (S_1, X, Y, \delta_1, \lambda_1)$$

und

$$A_2 = (S_2, X, Y, \delta_2, \lambda_2)$$

mit $X = \{x_1, x_2\}$ und $Y = \{0, 1\}$. Es sei $|S_1| = m_1$, $|S_2| = m_2$ und $m_1 \leqq m_2$.

A_1:

δ_1, λ_1	x_1		x_2	
s_1	s_2	0	s_1	1
s_2	s_3	0	s_1	0
s_3	s_4	0	s_2	0
.	.	.	.	.
.	.	.	.	.
.	.	.	.	.
s_{m_1-2}	s_{m_1-1}	0	s_{m_1-3}	0
s_{m_1-1}	s_{m_1}	0	s_{m_1-2}	0
s_{m_1}	s_{m_1}	0	s_{m_1-1}	0

A_2:

δ_2, λ_2	x_1		x_2	
s_1^*	s_2^*	0	s_1^*	1
s_2^*	s_3^*	0	s_1^*	0
s_3^*	s_4^*	0	s_2^*	0
.	.	.	.	.
	.	.	.	.
.	.	.	.	.
$s_{m_1-1}^*$	$s_{m_1}^*$	0	$s_{m_1-2}^*$	0
$s_{m_1}^*$	$s_{m_1+1}^*$	0	$s_{m_1-1}^*$	0
$s_{m_1+1}^*$	$s_{m_1+2}^*$	0	$s_{m_1-1}^*$	0
.	.	.	.	.
.	.	.	.	.
.	.	.	.	.
$s_{m_2-2}^*$	$s_{m_2-1}^*$	0	$s_{m_1-1}^*$	0
$s_{m_2-1}^*$	$s_{m_2}^*$	0	$s_{m_1-1}^*$	0
$s_{m_2}^*$	$s_{m_1-1}^*$	0	$s_{m_1-1}^*$	0

Man sieht folgendes: Für die Eingangssequenz

$$(\underbrace{x_1, x_1, \ldots, x_1}_{m_2-\text{mal}}, \quad \underbrace{x_2, x_2, \ldots, x_2}_{(m_1-1)-\text{mal}}) \in F_X$$

ergibt sich beim Automaten A_1 mit dem Anfangszustand $s_1 \in S_1$:

$$\overbrace{x_1 \quad x_1 \quad \ldots \quad x_1}^{m_2-\text{mal}} \quad \overbrace{x_2 \quad x_2 \quad \ldots \quad x_2}^{(m_1-1)-\text{mal}}$$

$$s_1 \quad s_2 \quad s_3 \qquad s_{m_1} \quad s_{m_1-1} \quad s_{m_1-2} \ldots s_2 \quad s_1$$

$$\underbrace{0 \quad 0 \quad \ldots \quad 0}_{m_2-\text{mal}} \quad \underbrace{0 \quad 0 \quad \ldots \quad 0 \quad 0}_{(m_1-1)-\text{mal}}$$

Die sich ergebende Ausgangssequenz ist also

$$\underbrace{(0, 0, \ldots, 0)}_{(m_1+m_2-1)-\text{mal}} \in F_Y.$$

Beim Automaten A_2 ergibt sich mit dem Anfangszustand $s_1^* \in S_2$:

$$\overbrace{x_1 \quad x_1 \quad \ldots \quad x_1}^{m_2-\text{mal}} \quad \overbrace{x_2 \quad x_2 \quad \ldots \quad x_2}^{(m_1-1)-\text{mal}}$$

$$s_1^* \quad s_2^* \quad s_3^* \quad \ldots s_{m_2}^* \qquad s_{m_1-1}^* \quad s_{m_1-2}^* \quad s_{m_1-3}^* , \ldots s_1^* \quad s_1^*$$

$$\underbrace{0 \quad 0 \quad \ldots \quad 0 \quad 0}_{m_2-\text{mal}} \quad \underbrace{0 \quad 0 \quad \ldots \quad 0}_{(m_1-2)-\text{mal}} \quad 1$$

Die sich ergebende Ausgangssequenz ist also

$$(\underbrace{0, 0, \ldots, 0}_{(m_1+m_2-2)-\text{mal}}, 1) \in F_Y.$$

Somit sind s_1 und s_1^* nicht äquivalent.

Für jede Eingangssequenz, deren Länge kleiner als $m_1 + m_2 - 1$ ist, sind die Ausgangssequenzen in beiden Automaten für s_1 und s_1^* als Anfangszustände gleich.

3.11. *Äquivalenztest*

Notation: Es bezeichne $S/\cong$ die Quotientenmenge der Zustandsmenge S bezüglich der Äquivalenz „$\cong$" nach der Definition 3.9−1, d. h., die Menge der von

„$\cong$" erzeugten Äquivalenzklassen. Es sei $[s]$ die zu $s \in S$ gehörige Äquivalenzklasse; dann ist

$$S/\cong\ = \{[s] \mid s \in S\}.$$

Test: Ein Automat

$$A = (S, X, Y, \delta, \lambda)$$

mit $|S| = m$ sei gegeben.

(1) Man bilde $S/1$ aus S mittels Definition 3.10–1.

(2) Man bilde $S/2$ aus $S/1$, dann $S/3$ aus $S/2$, ..., $S/m-1$ aus $S/m-2$ mittels Theorem 3.10–1.

(3) Wenn $S/k = S/k+1$ für irgendein $k = 1, 2, \ldots, m-2$, dann ist $S/\cong\ = S/k$ (Theorem 3.10–6). Wenn $S/k \neq S/k+1$ für alle $k = 1, 2, \ldots, m-2$, dann ist $S/\cong\ = S/m-1$ (Theorem 3.10–7).

Beispiel:

δ, λ	x_1		x_2	
s_1	s_2	0	s_7	0
s_2	s_2	0	s_7	0
s_3	s_5	0	s_1	0
s_4	s_6	0	s_2	0
s_5	s_5	1	s_3	0
s_6	s_6	1	s_4	0
s_7	s_1	0	s_6	1

$S = \{s_1, s_2, s_3, s_4, s_5, s_6, s_7\}$

$S/1 = \{\{s_1, s_2, s_3, s_4\}, \{s_5, s_6\}, \{s_7\}\}$

$S/2 = \{\{s_1, s_2\}, \{s_3, s_4\}, \{s_5, s_6\}, \{s_7\}\}$

$S/3 = \{\{s_1, s_2\}, \{s_3, s_4\}, \{s_5, s_6\}, \{s_7\}\}$

$S/2 = S/3$, also $S/\cong\ = S/2$.

Beispiel zur Äquivalenz zweier Automaten:

A:

δ, λ	x_1		x_2	
s_1	s_1	0	s_1	0
s_2	s_2	0	s_2	1

A^*:

δ^*, λ^*	x_1		x_2	
s_1^*	s_1^*	0	s_2^*	0
s_2^*	s_2^*	0	s_1^*	0
s_3^*	s_3^*	0	s_3^*	1

Man bilde die direkte Summe (vgl. Theorem 3.10–8):

	x_1		x_2	
s_1	s_1	0	s_1	0
s_2	s_2	0	s_2	1
s_1^*	s_1^*	0	s_2^*	0
s_2^*	s_2^*	0	s_1^*	0
s_3^*	s_3^*	0	s_3^*	1

Es sei $S = \{s_1, s_2, s_1^*, s_2^*, s_3^*\}$. Dann ist

$$S/1 = \{\{s_1, s_1^*, s_2^*\}, \{s_2, s_3^*\}\},$$
$$S/2 = \{\{s_1, s_1^*, s_2^*\}, \{s_2, s_3^*\}\},$$
$$S/1 = S/2, \text{ also } S/\cong = S/1.$$

Das heißt,

$$s_1 \cong s_1^* \qquad s_2 \cong s_3^* \qquad \text{und} \qquad s_1^* \cong s_1 \qquad s_2^* \cong s_1 \qquad s_3^* \cong s_2.$$

Also ist $A \cong A^*$.

3.12. *Minimalautomaten*

Definition 3.12—1: Ein vollständiger sequentieller Automat heißt *Minimalautomat* (oder reduzierter Automat), wenn aus $s \cong s^*$ stets $s = s^*$ folgt.

Das bedeutet, die Äquivalenzklassen in der Quotientenmenge $S/\cong$ enthalten jeweils genau ein Element.

Theorem 3.12—1 (Reduktionstheorem): *Zu jedem vollständigen sequentiellen Automaten gibt es einen bis auf Isomorphie eindeutig bestimmten äquivalenten Minimalautomaten.*

Beweis: Es wird eine Methode zur Bestimmung des Minimalautomaten gegeben.

(a) Der gegebene Automat sei

$$A = (S, X, Y, \delta, \lambda).$$

Man betrachte

$$A_{\min} = (S/\cong, X, Y, \delta^*, \lambda^*),$$

wobei

$$\delta^*: S/\cong \times X \to S/\cong$$

und

$$\lambda^*: S/\cong \times X \to Y$$

gegeben sind durch

$$\delta^*([s], x) = [\delta(s, x)]$$

und

$$\lambda^*([s], x) = \lambda(s, x).$$

$A_{\min}$ ist ein vollständiger sequentieller Automat, denn für $s_1 \in [s]$, also $s_1 \cong s$, gilt $\delta(s_1, x) \cong \delta(s, x)$ nach Theorem 3.9—1, d. h. $[\delta(s_1, x)] = [\delta(s, x)]$; ferner ist $\lambda(s_1, x) = \lambda(s, x)$ nach Definition 3.9—1.

(b) Die Voraussetzungen des Theorems 3.9—2 sind genau dann erfüllt, wenn $s^* = [s]$; also ist $s \cong [s]$ für alle $s \in S$ und damit $A \cong A_{\min}$ nach Definition 3.9—2.

(c) Es sei

$$A' = (S', X, Y, \delta', \lambda')$$

ein weiterer, zu A äquivalenter Automat. Dann gibt es zu jedem $s' \in S'$ ein $s \in S$ derart, daß $s' \cong s \cong [s]$. Dieser Zustand $[s]$ in $A_{\min}$ ist durch die Äquivalenz für gegebenes $s' \in S'$ eindeutig bestimmt, denn, wenn $s_1 \in S$ mit $s' \cong s_1$, dann ist $s \cong s_1$, also $[s] = [s_1]$. Da es andererseits zu jedem $[s] \in S/\cong$ ein $s \in S$ und zu jedem $s \in S$ ein $s' \in S'$ wegen $A_{\min} \cong A \cong A'$ gibt, wird durch die Äquivalenz eine surjektive Abbildung von S' auf $S/\cong$ bestimmt, so daß also $|S'| \geqq |S/\cong|$ ist. Also hat der Automat $A_{\min}$ unter allen zu A äquivalenten Automaten die wenigsten Zustandsgrößen.

(d) Angenommen, der Automat $A_{\min}$ hätte zwei äquivalente Zustände. Dann erhielte man durch dieselbe Konstruktion wie für $A_{\min}$ einen zu $A_{\min}$ äquivalenten Automaten $A^*_{\min}$, dessen Zustände die Äquivalenzklassen von $A_{\min}$ wären und der somit weniger Zustände als $A_{\min}$ hätte. Dieses widerspräche aber der oben bewiesenen Minimaleigenschaft von $A_{\min}$; folglich hat $A_{\min}$ keine zwei Zustände, die einander äquivalent sind und ist deshalb nach Definition 3.12—1 ein Minimalautomat.

(e) Es sei

$$B = (S_B, X, Y, \delta_B, \lambda_B)$$

ein zu A äquivalenter Automat, also $B \cong A \cong A_{\min}$, mit derselben Zahl von Zuständen wie der Minimalautomat $A_{\min}$, also $|S_B| = |S/\cong|$. Dann gibt es eine bijektive Abbildung

$$\varphi : S_B \to S/\cong$$

derart, daß $\varphi(s_B) = [s]$ für $s_B \in S_B$ und $[s] \in S/\cong$ mit $s_B \cong [s]$. Da äquivalente Zustände bei jeder Eingangsgröße wieder in äquivalente Zustände übergehen (Theorem 3.9—1), gilt, daß $\delta_B(s_B, x) \cong \delta^*([s], x)$ für alle $x \in X$. Also

$$\varphi[\delta_B(s_B, x)] = \delta^*([s], x) = \delta^*[\varphi(s_B), x]\,;$$

Andererseits ist

$$\lambda_B(s_B, x) = \lambda^*([s], x),$$

da $s_B \cong [s]$. Also

$$\lambda_B(s_B, x) = \lambda^*[\varphi(s_B), x]$$

für alle $x \in X$. Damit sind B und $A_{\min}$ isomorph; der Minimalautomat $A_{\min}$ ist bis auf Isomorphie eindeutig bestimmt.

3.13. *Konstruktion des Minimalautomaten*

Ein vollständiger sequentieller Automat

$$A = (S, X, Y, \delta, \lambda)$$

sei gegeben.

(1) Man bilde die Quotientenmenge $S/\cong$ mit Hilfe des Äquivalenztestes.

(2) Man konstruiere die Abbildungen

$$\delta^*: S/\cong \times X \to S/\cong$$

und

$$\lambda^*: S/\cong \times X \to Y$$

durch

$$\delta^*([s], x) = [\delta(s, x)]$$

und

$$\lambda^*([s], x) = \lambda(s, x)$$

für alle $[s] \in S/\cong$ und $x \in X$. Dann ist

$$A_{\min} = (S/\cong, X, Y, \delta^*, \lambda^*)$$

der Minimalautomat von A.

Beispiel:

A:

δ, λ	x_1		x_2	
s_1	s_3	0	s_4	1
s_2	s_3	0	s_4	1
s_3	s_1	1	s_2	1
s_4	s_2	1	s_1	1
s_5	s_3	1	s_6	1
s_6	s_6	0	s_1	0

$$S = \{s_1, s_2, s_3, s_4, s_5, s_6\},$$
$$S/1 = \{\{s_1, s_2\}, \{s_3, s_4, s_5\}, \{s_6\}\},$$
$$S/2 = \{\{s_1, s_2\}, \{s_3, s_4\}, \{s_5\}, \{s_6\}\},$$
$$S/3 = \{\{s_1, s_2\}, \{s_3, s_4\}, \{s_5\}, \{s_6\}\},$$
$$S/2 = S/3 = S/\cong.$$

Es sei

$$\{s_1, s_2\} = s_1^*,$$
$$\{s_3, s_4\} = s_2^*,$$
$$\{s_5\} = s_3^*,$$
$$\{s_6\} = s_4^*.$$

$A_{\min}$:

δ^*, λ^*	x_1		x_2	
s_1^*	s_2^*	0	s_2^*	1
s_2^*	s_1^*	1	s_1^*	1
s_3^*	s_2^*	1	s_4^*	1
s_4^*	s_4^*	0	s_1^*	0

3.14. *Automaten für beliebige Eingangshalbgruppen*

Im folgenden wird die Frage untersucht, ob es Automaten für beliebige Eingangshalbgruppen gibt. Dabei sollen die Ausgangselemente ebenfalls Halbgruppen bilden, die eventuell durch zusätzliche Relationen zwischen den Ausgangselementen von der freien Halbgruppe F_Y verschieden sein können. Damit äquivalente Zustände bei jeder Eingangsgröße wieder in äquivalente Zustände übergehen, ist es im allgemeinen notwendig, daß, wie der Beweis des Theorems 3.9—1 zeigt, die Ausgangshalbgruppen solche mit linksseitiger Kürzung sind.

Definition 3.14—1: Ein verallgemeinerter vollständiger sequentieller Automat ist ein Quintupel

$$A = (S, X, Y, \delta, \lambda),$$

wobei

(1) S eine nichtleere Menge von Zuständen,

(2) X eine nichtleere Eingangshalbgruppe,

(3) Y eine nichtleere Ausgangshalbgruppe mit linksseitiger Kürzung,

(4) $\delta: S \times X \to S$ eine Zustandsfunktion mit

$$\delta(s, x_1 x_2) = \delta[\delta(s, x_1), x_2]$$

für alle Elemente $s \in S$ und $x_1, x_2 \in X$ und

(5) $\lambda: S \times X \to Y$ eine Ausgangsfunktion mit

$$\lambda(s, x_1 x_2) = \lambda(s, x_1) \lambda[\delta(s, x_1), x_2]$$

für alle Elemente $s \in S$ und $x_1, x_2 \in X$ ist.

Für diese Automaten gelten für den Begriff der Äquivalenz ebenfalls die Definitionen 3.9—1 und 3.9—2, wenn X bzw. Y an die Stelle von F_X bzw. F_Y gesetzt wird.

Automaten für beliebige Eingangshalbgruppen sollen sinnvollerweise verschiedene Eingangselemente auch als verschiedene „unterscheiden" oder „erkennen" können. Deshalb die folgende Definition.

Definition 3.14—2: Zwei Eingangselemente $x_1, x_2 \in X$ eines verallgemeinerten vollständigen sequentiellen Automaten $A = (S, X, Y, \delta, \lambda)$ heißen *eingangsäquivalent* (oder eingangsununterscheidbar), wenn

$$\lambda(s, x_1) = \lambda(s, x_2) \quad \text{und} \quad \lambda(s, x_1 x) = \lambda(s, x_2 x)$$

für jeden Zustand $s \in S$ und jede Eingangsgröße $x \in X$.

Folgerungen:

(a) Die Eingangsäquivalenz ist offensichtlich eine reflexive, symmetrische und transitive Relation.

(b) Wenn $x_1, x_2 \in X$ eingangsäquivalent sind, dann sind jeweils $\delta(s, x_1)$ und $\delta(s, x_2)$ äquivalente Zustände für jeden Zustand $s \in S$; denn

$$\lambda(s, x_1 x) = \lambda(s, x_2 x), \text{ also}$$

$$\lambda(s, x_1)\,\lambda[\delta(s, x_1), x] = \lambda(s, x_2)\,\lambda[\delta(s, x_2), x],$$

folglich $\lambda[\delta(s, x_1), x] = \lambda[\delta(s, x_2), x]$,

das heißt $\delta(s, x_1) \cong \delta(s, x_2)$.

(c) Wenn für jeden Zustand $s \in S$ gilt, daß $\delta(s, x_1) \cong \delta(s, x_2)$ und $\lambda(s, x_1) = \lambda(s, x_2)$, dann sind x_1 und x_2 eingangsäquivalent; denn

$$\begin{aligned}\lambda(s, x_1 x) &= \lambda(s, x_1)\,\lambda[\delta(s, x_1), x]\\ &= \lambda(s, x_2)\,\lambda[\delta(s, x_2), x]\\ &= \lambda(s, x_2 x).\end{aligned}$$

(d) Wenn $s_1 \cong s_2$ und x_1 eingangsäquivalent zu x_2 ist, dann ist $\delta(s_1, x_1) \cong \delta(s_2, x_2)$; denn

$$\begin{aligned}\lambda[\delta(s_1, x_1), x] &= \lambda[\delta(s_1, x_2), x] \quad \text{(nach (b))}\\ &= \lambda[\delta(s_2, x_2), x] \quad \text{(nach Theorem 3.9–1.)}\end{aligned}$$

(e) Wenn x_1 eingangsäquivalent zu x_2 und x_3 eingangsäquivalent zu x_4 ist, dann ist $x_1 x_3$ eingangsäquivalent zu $x_2\, x_4$; denn

$$\begin{aligned}\lambda(s, x_1 x_3) &= \lambda(s, x_1)\,\lambda[\delta(s, x_1), x_3]\\ &= \lambda(s, x_2)\,\lambda[\delta(s, x_1), x_3]\\ &\qquad \text{(da } x_1 \text{ eingangsäquivalent zu } x_2\text{)}\\ &= \lambda(s, x_2)\,\lambda[\delta(s, x_2), x_3] \quad \text{(nach (b))}\end{aligned}$$

$$= \lambda(s, x_2)\, \lambda[\delta(s, x_2), x_4]$$

(da x_3 eingangsäquivalent zu x_4)

$$= \lambda(s, x_2 x_4)$$

und

$$\lambda(s, x_1 x_3 x) = \lambda(s, x_1)\, \lambda[\delta(s, x_1), x_3 x]$$

$$= \lambda(s, x_2)\, \lambda[\delta(s, x_1), x_3 x]$$

(da x_1 eingangsäquivalent zu x_2)

$$= \lambda(s, x_2)\, \lambda[\delta(s, x_2), x_3 x] \quad \text{(nach (b))}$$

$$= \lambda(s, x_2)\, \lambda[\delta(s, x_2), x_3]\, \lambda\big[\delta[\delta(s, x_2), x_3], x\big]$$

$$= \lambda(s, x_2)\, \lambda[\delta(s, x_2), x_4]\, \lambda\big[\delta[\delta(s, x_2), x_3], x\big]$$

(da x_3 eingangsäquivalent zu x_4)

$$= \lambda(s, x_2)\, \lambda[\delta(s, x_2), x_4]\, \lambda\big[\delta[\delta(s, x_2), x_4], x\big]$$

(nach (b))

$$= \lambda(s, x_2)\, \lambda[\delta(s, x_2), x_4 x]$$

$$= \lambda(s, x_2 x_4 x).$$

Theorem 3.14—1: *Zu jeder Halbgruppe X gibt es einen verallgemeinerten vollständigen sequentiellen Automaten $A = (S, X, Y, \delta, \lambda)$, für den keine zwei Elemente aus X eingangsäquivalent sind (der also alle Elemente aus X voneinander „unterscheiden" kann).*

Beweis: Durch Konstruktion des Automaten. Es seien

$$\varphi: X \to M \quad \text{und} \quad \psi: X \to N$$

zwei bijektive Abbildungen von X in zwei Indexmengen M und N. Ferner sei s_0 ein beliebiges Element, das nicht in der Bildmenge $\varphi(X)$ enthalten ist. Als Zustandsmenge nehme man

$$S = \{s_0\} \cup \{\varphi(x) \mid x \in X\}$$

und als Ausgangsmenge die Bildmenge

$$\psi(X) = \{\psi(x) \mid x \in X\}.$$

Die Ausgangshalbgruppe sei die Quotientenhalbgruppe

$$Y = F_{\psi(X)}/\varrho,$$

wobei $F_{\psi(X)}$ die freie Halbgruppe auf der Bildmenge $\psi(X)$ und ϱ die von der Relation

$$\psi(x) \cdot \psi(x^*) = \psi(x^*)$$

in $F_{\psi(X)}$ erzeugte Kongruenzrelation ist (nach Definition 2.6—8). Damit ist Y eine Halbgruppe mit linksseitiger Kürzung. Man definiere

$$\delta: S \times X \to S$$

durch $\quad \delta(s_0, x) = \varphi(x), \ \delta\ [\varphi(x^*), x] = \varphi(x^* x)$

und $\quad \lambda: S \times X \to Y$

durch $\quad \lambda(s_0, x) = \psi(x), \quad \lambda[\varphi(x^*), x] = \psi(x^* x)$

für alle x und x^* aus X.

(a) Da

$$\begin{aligned} \delta(s_0, x_1 x_2) &= \varphi(x_1 x_2) = \delta[\varphi(x_1), x_2] \\ &= \delta[\delta(s_0, x_1), x_2] \end{aligned}$$

und

$$\begin{aligned} \delta[\varphi(x), x_1 x_2] &= \varphi(x x_1 x_2) = \delta[\varphi(x x_1), x_2] \\ &= \delta\big[\delta[\varphi(x), x_1], x_2\big], \end{aligned}$$

erfüllt δ die Eigenschaften einer Zustandsfunktion (Definition 3.14—1). Und wegen

$$\begin{aligned} \lambda(s_0, x_1 x_2) &= \psi(x_1 x_2) = \psi(x_1)\, \psi(x_1 x_2) \\ &= \lambda(s_0, x_1)\, \lambda[\varphi(x_1), x_2] \\ &= \lambda(s_0, x_1)\, \lambda[\delta(s_0, x_1), x_2] \end{aligned}$$

und

$$\begin{aligned}\lambda[\varphi(x), x_1 x_2] &= \psi(x x_1 x_2) = \psi(x x_1)\, \psi(x x_1 x_2)\\ &= \lambda[\varphi(x), x_1]\, \lambda[\varphi(x x_1), x_2]\\ &= \lambda[\varphi(x), x_1]\, \lambda\big[\delta[\varphi(x), x_1], x_2\big]\end{aligned}$$

besitzt λ die Eigenschaften einer Ausgangsfunktion. Also ist

$$A = (S, X, Y, \delta, \lambda)$$

ein verallgemeinerter vollständiger sequentieller Automat.

(b) Für alle Elemente $x_1, x_2 \in X$ mit $x_1 \neq x_2$ gilt

$$\lambda(s_0, x_1) = \psi(x_1) \quad \text{und} \quad \lambda(s_0, x_2) = \psi(x_2),$$

also

$$\lambda(s_0, x_1) \neq \lambda(s_0, x_2),$$

da ψ eine bijektive Abbildung ist. Also sind keine zwei Elemente aus X eingangsäquivalent.

Der in dem Beweis konstruierte Automat hat einen Zustand (nämlich s_0) mehr als es Elemente in der Halbgruppe X gibt. Wenn also X unendlich viele Elemente enthält, hat der Automat unendlich viele Zustände. Die Frage, ob es für beliebige Halbgruppen Automaten mit einer endlichen Zahl von Zuständen gibt, ist von S. Ginsburg und E. H. Spanier näher untersucht worden; die folgenden Theoreme sind aus

Ginsburg, S., and Spanier, E. H.: Distinguishability of a Semigroup by a Machine. Proceedings of the American Mathematical Society **12** (1961) 661—668,

entnommen, die Beweise können dort nachgelesen werden.

Theorem 3.14—2: *Zu jeder transfiniten Kardinalzahl $\aleph_\alpha$ gibt es eine Halbgruppe X derart, daß jeder verallgemeinerte vollständige sequentielle Automat mit X als Eingangshalbgruppe, für den keine zwei Elemente aus X eingangsäquivalent sind, eine Zahl von Zuständen hat, die größer als $\aleph_\alpha$ ist.*

Theorem 3.14—3: *Es gibt eine Halbgruppe, erzeugt als Quotientenhalbgruppe aus der freien Halbgruppe auf einer endlichen Menge mit einer endlichen Zahl von Relationen, die dennoch keine Eingangshalbgruppe eines verallgemeinerten vollständigen sequentiellen Automaten mit endlich vielen Zuständen sein kann, für den keine zwei Eingangselemente eingangsäquivalent sind.*

Theorem 3.14—4: *Es ist rekursiv unlösbar, für eine beliebige Eingangshalbgruppe, erzeugt als Quotientenhalbgruppe aus der freien Halbgruppe auf einer endlichen Menge mit einer endlichen Zahl von Relationen, zu bestimmen, ob es einen verallgemeinerten vollständigen sequentiellen Automaten mit endlich vielen Zuständen gibt, für den keine zwei Eingangselemente eingangsäquivalent sind.*

3.15. *Unvollständige sequentielle Automaten*

Beim Entwurf sequentieller Automaten tritt häufig der Fall ein, daß die Funktionen δ und λ durch die an den Automaten gestellten Forderungen nicht vollständig bestimmt werden. Deshalb die folgende Definition.

Definition 3.15—1: Ein *unvollständiger* (oder partieller) *sequentieller Automat* ist ein Quintupel

$$A = (S, X, Y, \delta, \lambda),$$

wobei

(1) S eine nichtleere endliche Menge von Zuständen,

(2) X eine nichtleere endliche Menge von Eingangsgrößen,

(3) Y eine nichtleere endliche Menge von Ausgangsgrößen,

(4) δ eine Abbildung (Zustandsfunktion) von einer Teilmenge von $S \times X$ in S und

(5) λ eine Abbildung (Ausgangsfunktion) von einer Teilmenge von $S \times X$ in Y ist.

Ähnlich wie bei vollständigen sequentiellen Automaten (vgl. Definition 3.5—2) werden die Funktionen δ und λ wie folgt erweitert.

Definition 3.15—2:

(a) Die Zustandsfunktion δ wird erweitert zu einer Abbildung von einer Teilmenge von $S \times F_X$ in S dadurch, daß

$$\delta(s, x_1, x_2, \ldots, x_n).$$

für $s \in S$ und $(x_1, x_2, \ldots, x_n) \in F_X$ genau dann existiert, wenn

$$s_{i+1} = \delta(s_i, x_i)$$

mit $s_1 = s$ für $i = 1, 2, \ldots, n$ existiert; es soll dann

$$\delta(s, x_1, x_2, \ldots, x_n) = \delta(s_n, x_n)$$

sein.

(b) Die Ausgangsfunktion λ wird erweitert zu einer Abbildung von einer Teilmenge von $S \times F_X$ in F_Y dadurch, daß

$$\lambda(s, x_1, x_2, \ldots, x_n)$$

genau dann existiert, wenn

$$s_{i+1} = \delta(s_i, x_i)$$

mit $s_1 = s$ für $i = 1, 2, \ldots, n - 1$ und

$$\lambda(s_1, x_1), \quad \lambda(s_2, x_2), \quad \ldots, \quad \lambda(s_n, x_n)$$

existieren; es soll dann

$$\lambda(s, x_1, x_2, \ldots, x_n) = \lambda(s_1, x_1)\,\lambda(s_2, x_2) \cdots \lambda(s_n, x_n)$$

sein.

Folgerungen:

(a) Wenn $\delta(s, x_1, x_2, \ldots, x_n)$ existiert, dann existiert auch $\delta[\delta(s, x_1, x_2, \ldots, x_i), x_{i+1}, \ldots, x_n)$, und es ist

$$\delta(s, x_1, x_2, \ldots, x_n)$$
$$= \delta[\delta(s, x_1, x_2, \ldots, x_i), x_{i+1}, \ldots, x_n].$$

(b) Wenn $\lambda(s, x_1, x_2, \ldots, x_n)$ existiert, dann existiert auch

$$\lambda(s, x_1, x_2, \ldots, x_i)\, \lambda[\delta(s, x_1, x_2, \ldots, x_i), x_{i+1}, \ldots, x_n],$$

und es ist

$$\lambda(s, x_1, x_2, \ldots, x_n)$$
$$= \lambda(s, x_1, x_2, \ldots, x_i)\, \lambda[\delta(s, x_1, x_2, \ldots, x_i), x_{i+1}, \ldots, x_n].$$

Beispiel:

δ, λ	x_1		x_2	
s_1			s_3	1
s_2		0		
s_3	s_1	1	s_1	
s_4	s_4			0

$S = \{s_1, s_2, s_3, s_4\}$,

$X = \{x_1, x_2\}$,

$Y = \{0, 1\}$.

$\delta(s_1, x_1)$ existiert nicht, also auch nicht $\delta(s_1, x_1, \ldots)$.

$\delta(s_1, x_2) = s_3$.

$\delta(s_1, x_2, x_2, x_1)$ existiert nicht.

$\delta(s_1, x_2, x_2, x_2) = s_3$.

$\lambda(s_1, x_1)$ existiert nicht, also auch nicht $\lambda(s_1, x_1, \ldots)$.

$\lambda(s_1, x_2) = 1$.

$\lambda(s_1, x_2, x_2)$ existiert nicht.

$\lambda(s_1, x_2, x_1) = (1, 1)$.

Das Minimisierungsproblem ist für unvollständige sequentielle Automaten wesentlich komplizierter als für vollständige sequentielle Automaten; näheres hierüber findet man z. B. in

Ginsburg, Seymour: An Introduction to Mathematical Machine Theory. Addison-Wesley Publishing Company, Inc., Reading, Mass., 1962.

Übungsaufgaben mit Lösungen

(1) Durch ein Zählwerk eines Digitalrechners laufen diskrete Impulse; nur jeder sechste Impuls wird vom Zählwerk angezeigt.

Man entwerfe für die Funktionsweise des Zählwerkes einen Automaten (δ, λ-Tafel und Graph).

Lösung:

δ, λ	x	
s_1	s_2	0
s_2	s_3	0
s_3	s_4	0
s_4	s_5	0
s_5	s_6	0
s_6	s_1	1

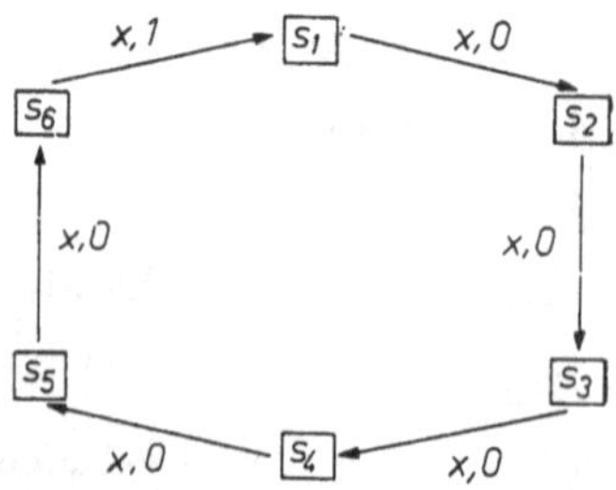

(2) Es sei S eine Menge von k Zustandsgrößen, X eine Menge von m Eingangsgrößen und Y eine Menge von n Ausgangsgrößen. Wie viele verschiedene vollständige sequentielle Automaten $(S, X, Y, \delta, \lambda)$ lassen sich konstruieren?

Lösung:

Es lassen sich

k^{km} verschiedene δ-Tafeln und

n^{km} verschiedene λ-Tafeln konstruieren,

also $k^{km} \cdot n^{km} = (kn)^{km}$ verschiedene Automaten.

(3) Ein Automat $A = (S, X, Y, \delta, \lambda)$ sei gegeben durch die folgende Automatentafel:

δ, λ	x_1		x_2		x_3	
s_1	s_2	0	s_3	1	s_2	1
s_2	s_2	1	s_2	0	s_2	1
s_3	s_1	0	s_2	0	s_1	0

$S = \{s_1, s_2, s_3\}, \quad X = \{x_1, x_2, x_3\}, \quad Y = \{0, 1\}.$

(a) Man stelle den Automaten durch einen bewerteten Graphen dar.

Der Automat befinde sich im Zustand s_1. Es werde in den Automaten die Folge $(x_2, x_1, x_3, x_1, x_2)$ von Eingangssignalen eingegeben:

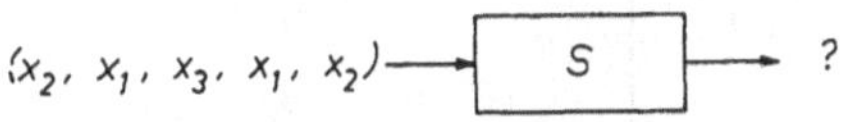

(b) Man berechne den Endzustand des Automaten und die abgegebene Folge von Ausgangssignalen.

Lösung:

(a)

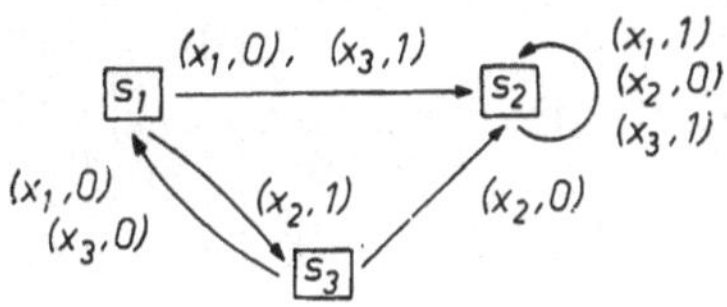

(b) $x_2 \quad x_1 \quad x_3 \quad x_1 \quad x_2$

$s_1 \quad s_3 \quad s_1 \quad s_2 \quad s_2 \quad s_2$

$1 \quad 0 \quad 1 \quad 1 \quad 0$

$\delta(s_1, x_2, x_1, x_3, x_1, x_2) = s_2$

$\lambda(s_1, x_2, x_1, x_3, x_1, x_2) = (1, 0, 1, 1, 0).$

(4) Gegeben seien die folgenden drei Automaten:

A_1:

δ_1, λ_1	x_1		x_2	
r_1	r_1	0	r_1	1
r_2	r_2	1	r_2	0

A_2:

δ_2, λ_2	x_1		x_2	
s_1	s_2	0	s_4	1
s_2	s_2	1	s_2	0
s_3	s_3	0	s_3	1
s_4	s_1	1	s_3	0

A_3:

δ_3, λ_3	x_1		x_2	
t_1	t_6	0	t_2	1
t_2	t_5	0	t_5	1
t_3	t_3	1	t_3	0
t_4	t_2	0	t_4	1
t_5	t_1	0	t_4	1
t_6	t_4	0	t_6	1

Welche Automaten sind äquivalent?

Lösung:

Man bilde die direkte Summe der drei Automaten. Dann ist:

$$S = \{r_1, r_2, s_1, s_2, s_3, s_4, t_1, t_2, t_3, t_4, t_5, t_6\},$$

$$S/1 = \{\{r_1, s_1, s_3, t_1, t_2, t_4, t_5, t_6\}, \{r_2, s_2, s_4, t_3\}\},$$

$$S/2 = \{\{r_1, s_3, t_1, t_2, t_4, t_5, t_6\}, \{s_1\}, \{r_2, s_2, t_3\}, \{s_4\}\},$$

$$S/3 = S/2 = S/\cong.$$

Also
$$r_1 \cong t_1 \cong t_2 \cong t_4 \cong t_5 \cong t_6,$$
$$r_2 \cong t_3.$$

Das heißt $A_1 \cong A_3$.

(5) Gegeben sei folgender Automat:

δ, λ	x_1		x_2		x_3	
s_1	s_5	1	s_6	0	s_2	1
s_2	s_3	0	s_3	0	s_2	0
s_3	s_2	0	s_4	0	s_4	0
s_4	s_4	0	s_3	0	s_2	0
s_5	s_4	1	s_2	0	s_3	1
s_6	s_2	1	s_3	0	s_4	1

Man konstruiere den zugehörigen Minimalautomaten.

Lösung:

$$S = \{s_1, s_2, s_3, s_4, s_5, s_6\},$$

$$S/1 = \big\{\{s_1, s_5, s_6\}, \{s_2, s_3, s_4\}\big\},$$

$$S/2 = \big\{\{s_1\}, \{s_5, s_6\}, \{s_2, s_3, s_4\}\big\},$$

$$S/3 = \big\{\{s_1\}, \{s_5, s_6\}, \{s_2, s_3, s_4\}\big\},$$

$$S/2 = S/3 = S/\cong,$$

$$S^* = S/\cong = \{s_1^*, s_2^*, s_3^*\}$$

mit $s_1^* = \{s_1\}$, $s_2^* = \{s_5, s_6\}$, $s_3^* = \{s_2, s_3, s_4\}$.

δ^*, λ^*	x_1		x_2		x_3	
s_1^*	s_2^*	1	s_2^*	0	s_3^*	1
s_2^*	s_3^*	1	s_3^*	0	s_3^*	1
s_3^*	s_3^*	0	s_3^*	0	s_3^*	0

Literaturverzeichnis

[1] ARBIB, M. A. (Herausgeber): Algebraic Theory of Machines, Languages, and Semigroups. Academic Press, Inc., New York 1968. (Deutsche Übersetzung: Algebraische Theorie abstrakter Automaten, formaler Sprachen und Halbgruppen. Akademie-Verlag, Berlin 1971.)

[2] BERGE, CLAUDE: The Theory of Graphs and Its Applications. Methuen & Co., Ltd., London 1962.

[3] BOOTH, TAYLOR L.: Sequential Machines and Automata Theory. John Wiley & Sons, Inc., New York 1967.

[4] BUSACKER, ROBERT G., and SAATY, THOMAS L.: Finite Graphs and Networks. McGraw-Hill Book Company, Inc., New York 1965. (Deutsche Übersetzung: Endliche Graphen und Netzwerke. R. Oldenbourg Verlag, München 1968.)

[5] CLIFFORD, A. H., and PRESTON, G. B.: The Algebraic Theory of Semigroups. 2 Bände. American Mathematical Society, Providence, Rhode Island, 1961 und 1967.

[6] GILL, ARTHUR: Introduction to the Theory of Finite-State Machines. McGraw-Hill Book Company, Inc., New York 1962.

[7] GINSBURG, SEYMOUR: An Introduction to Mathematical Machine Theory. Addison-Wesley Publishing Company, Inc., Reading, Mass., 1962.

[8] GINZBURG, ABRAHAM: Algebraic Theory of Automata. Academic Press, Inc., New York 1968.

[9] HARARY, F., NORMAN, R., CARTWRIGHT, D.: Structural Models: An Introduction to the Theory of Directed Graphs. John Wiley & Sons, Inc., New York 1965.

[10] HARRISON, MICHAEL A.: Introduction to Switching and Automata Theory. McGraw-Hill Book Company, Inc., New York 1965.

[11] HARTMANIS, J., and STEARNS, R. E.: Algebraic Structure Theory of Sequential Machines. Prentice-Hall, Inc., Englewood Cliffs, N. J., 1966.

[12] HENNIE, FREDERICK C.: Finite-State Models for Logical Machines. John Wiley & Sons, Inc., New York 1968.

[13] KAUFMANN, A.: Graphs, Dynamic Programming, and Finite Games. Academic Press, Inc., New York 1967.

[14] KROHN, K. B., RHODES, J. L.: Algebraic Theory of Machines. Proc. Symp. Math. Theory Automata, Polytechnic Press, Brooklyn, N. Y., 1963.

[15] KROHN, K. B., RHODES, J. L.: Algebraic Theory of Machines. Trans. Amer. Math. Soc. **116** (1965) 450—464.

[16] LJAPIN, E. S.: Semigroups. American Mathematical Society, Providence, Rhode Island, 1963.

[17] MILLER, RAYMOND E.: Switching Theory. Vol. I: Combinational Circuits. Vol. II: Sequential Circuits and Machines. John Wiley & Sons, Inc., New York 1965.

[18] MINSKY, MARVIN L.: Computation: Finite and Infinite Machines. Prentice-Hall, Inc., Englewood Cliffs, N. J., 1967.

[19] NELSON, R. J.: Introduction to Automata. John Wiley & Sons, Inc., New York 1968.

[20] ORE, OEYSTEIN: Theory of Graphs. American Mathematical Society, Colloquium Publications **38**, Providence, Rhode Island, 1962.

[21] ZEIGER, H. P.: Loop-free Synthesis of Finite State Machines. Ph. D. Thesis, Mass. Inst. of Technology, 1964.

[22] ZEIGER, H. P.: Cascade Synthesis of Finite State Machines. IEEE Conf. Switching Theory Logical Design, IEEE Inc., New York, N. J., 1965.

[23] ZEIGER, H. P.: Yet Another Proof of the Cascade Decomposition Theorem for Finite Automata. Math. Systems Theory **1**, No. 3 (1967) 225—228.

[24] ZEIGER, H. P : Yet Another Proof of the Cascade Decomposition Theorem for Finite Automata: Correction. Math. Systems Theory **2**, No. 4 (1968).

Sachverzeichnis

Der Autor

- **gibt eine Einführung in mehrere außerhalb der Statistik liegende mathematische Gebiete, die in den letzten Jahren für die Biologie relevant geworden sind**

- **berichtet über Graphen, Halbgruppen und Automaten**

- **wendet sich an Studenten der Biowissenschaften und der Kybernetik**

WISSENSCHAFTLICHE TASCHENBÜCHER

MIX

Papier | Fördert gute Waldnutzung

FSC® C083411

Zeitfracht Medien GmbH
Ferdinand-Jühlke-Straße 7
99095 Erfurt, Deutschland
produktsicherheit@kolibri360.de